Färbungen von Distanzgraphen

Färbungen von Distanzgraphen

Von der Carl-Friedrich-Gauß-Fakultät
der Technischen Universität Carolo-Wilhelmina zu Braunschweig

zur Erlangung des Grades eines
Doktors Naturwissenschaften (Dr. rer. nat.)
genehmigte Dissertation

von
Massimiliano Marangio
geboren am 29. Oktober 1971
in Brindisi

Eingereicht am: 22. November 2011

Disputation am: 27. Januar 2012

1. Referent: Prof. Dr. Arnfried Kemnitz

2. Referentin: Prof. Dr. Margit Voigt

2012

Bibliografische Information der Deutschen Nationalbibliothek
Die Deutsche Nationalbibliothek verzeichnet diese Publikation in der Deutschen Nationalbibliografie; detaillierte bibliografische Daten sind im Internet über http://dnb.d-nb.de abrufbar.

1. Aufl. - Göttingen: Cuvillier, 2012
Zugl.: (TU) Braunschweig, Univ., Diss., 2012

978-3-95404-156-5

Nonnenstieg 8, 37075 Göttingen
Telefon: 0551-54724-0
Telefax: 0551-54724-21
www.cuvillier.de

1. Auflage, 2012
Gedruckt auf säurefreiem Papier

978-3-95404-156-5

Inhaltsverzeichnis

Abbildungsverzeichnis

Tabellenverzeichnis

1 Einleitung

In der vorliegenden Arbeit werden verschiedene Färbungen einer speziellen Klasse endlicher oder unendlicher Graphen untersucht, der sogenannten *Distanzgraphen*. Diese Fragestellungen gehen auf ein 60 Jahre altes Problem zurück:

> Wie viele Farben sind nötig, um die Punkte der euklidischen Ebene so zu färben, dass Punkte im Abstand 1 verschieden gefärbt sind?

Anders ausgedrückt: Welches ist die kleinste natürliche Zahl m mit der Eigenschaft, dass es eine Überdeckung der euklidischen Ebene durch m Punktmengen gibt, so dass keine der m Mengen ein Paar von Punkten im Abstand 1 enthält?

Bis heute ist nur bekannt, dass die gesuchte Anzahl zwischen 4 und 7 liegt. Diese Schranken wurden bereits 1950 von Edward Nelson, der das Problem formulierte, und von John Isbell bestimmt, die Ergebnisse sowie das Problem selbst wurden jedoch nicht veröffentlicht. Das Problem wurde 1961 von Hugo Hadwiger [38] aufgegriffen und verbreitet. Heute wird es deshalb als *Hadwiger-Nelson-Problem* bezeichnet. Die Entstehungsgeschichte wurde von Alexander Soifer recherchiert und 2003 in [72] sowie 2009 in [73] veröffentlicht.

Die untere Schranke kann man an der sogenannten *Moser-Spindel* nachprüfen (siehe Abbildung 1.1, nach Moser und Moser [62]). Die Punkte eines gleichseitigen Dreiecks mit Seitenlänge 1 müssen paarweise verschieden gefärbt werden. Werden nur drei Farben benutzt und wird ein Dreieck an einer Seite gespiegelt, so müssen die der gemeinsamen Seite gegenüberliegenden Ecken gleich gefärbt werden. Durch Drehen um eine solche Ecke folgt, dass alle Punkte auf dem Kreisrand eines Kreises mit Radius $\sqrt{3}$ die gleiche Farbe wie der Mittelpunkt haben müssen, was zu einem Widerspruch führt, da auf dem Kreisrand Punkte im Abstand 1 enthalten sind (Beweis nach Hadwiger [38]).

Die obere Schranke 7 kann durch eine Parkettierung der Ebene mit kongruenten regulären Sechsecken der Seitenlänge $2/5$ nachgewiesen werden. Färbt man die Sechsecke abwechselnd mit 7 Farben entsprechend Abbildung 1.2 (nach Hadwiger [38]), so gibt es keine gleich gefärbten Punkte in einem Abstand d mit $4/5 < d < \sqrt{28}/5$, also speziell keine gleich gefärbten Punkte im Abstand 1.

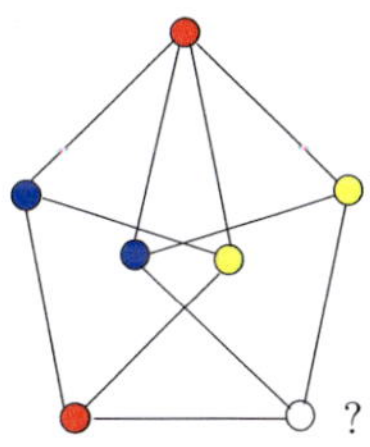

Abbildung 1.1: Moser-Spindel

Abbildung 1.2: Parkettierung der Ebene mit Sechsecken

Eggleton, Erdős und Skilton verallgemeinerten 1985 [32] dieses Problem, indem Sie die gleiche Frage für die Punkte einer Geraden und später für die Punkte beliebiger euklidischer und metrischer Räume stellten, was zu einer allgemeinen Definition von Distanzgraphen führte (Eggleton [29], vergleiche Definition 2.1).

Sei D eine Teilmenge der positiven reellen Zahlen, und sei S eine nichtleere Teilmenge des n-dimensionalen euklidischen Raums $\mathbb{R}^n$. Der Distanzgraph $G(S, D)$ ist der Graph mit Knotenmenge S, in dem zwei Knoten genau dann benachbart sind, wenn ihr euklidischer Abstand in der sogenannten Distanzmenge D enthalten ist.

Mit dieser Definition lässt sich das Hadwiger-Nelson-Problem folgendermaßen beschreiben: Sei $G(\mathbb{R}^2, \{1\})$ der sogenannte *Einheitsdistanzgraph der Ebene*, der alle Punkte der Ebene $\mathbb{R}^2$ als Knoten enthält, und in dem zwei Punkte der Ebene genau dann benachbart sind, wenn der euklidische Abstand dieser Punkte 1 beträgt. Gesucht ist die kleinste Anzahl von Farben, die nötig ist, um alle Knoten des Distanzgraphen $G(\mathbb{R}^2, \{1\})$ so zu färben, dass benachbarte Knoten verschieden gefärbt sind, die sogenannte chromatische Zahl $\chi(G(\mathbb{R}^2, \{1\}))$ des Distanzgraphen.

In der vorliegenden Arbeit werden in Kapitel 2 Distanzgraphen in einer allgemeinen Form eingeführt und einige einfache Eigenschaften von Distanzgraphen mit Knotenmenge $\mathbb{Z}$ (sogenannte ganzzahlige Distanzgraphen) untersucht, darunter Fragen über den Zusammenhang und über die im Graphen enthaltenen Kreise.

In Kapitel 3 wird das oben beschriebene Problem der Bestimmung der chromatischen Zahl von Distanzgraphen untersucht. Um die chromatische Zahl $\chi(G)$ eines Graphen G zu bestimmen, muss man im Allgemeinen zwei Aussagen beweisen: Einerseits muss man zeigen, dass es eine Färbung mit k Farben gibt, woraus $\chi(G) \leq k$ folgt, andererseits muss man zeigen, dass mindestens k Farben nötig sind, um den Graphen zu färben, woraus $\chi(G) \geq k$ folgt. Zusammen ergibt sich $\chi(G) = k$.

Neben Ergebnissen aus der Literatur über die chromatische Zahl von Graphen, die im weiteren Verlauf der Arbeit benötigt werden, werden hier die ganzzahligen Distanzgraphen $G(\mathbb{Z}, D)$, die $|D|$ oder $|D| + 1$ paarweise benachbarte Knoten enthalten, vollständig charakterisiert, und die chromatischen Zahlen dieser Distanzgraphen werden bestimmt, sofern sie nicht bereits bekannt waren.

Es wird ein Zusammenhang zwischen den chromatischen Zahlen ganzzahliger Distanzgraphen und spezieller endlicher Distanzgraphen, den sogenannten zirkulanten Graphen, bewiesen, womit sich obere Schranken für die chromatischen Zahlen ganzzahliger Distanzgraphen angeben lassen, die einige bekannte obere Schranken wie $\chi(G(\mathbb{Z}, D)) \leq |D| + 1$ verbessern.

Ein weiteres Ergebnis dieses Kapitels ist die Bestimmung einer allgemeinen oberen Schranke für die chromatische Zahl von Distanzgraphen $G(S, D)$ mit $S \subseteq \mathbb{R}^n$, sofern bestimmte Bedingungen erfüllt sind: Es gilt dann $\chi(G(S, D)) \leq \Delta(G(S, D))/2 + 1$, wobei $\Delta(G(S, D))$ den Maximalgrad des Distanzgraphen bezeichnet. Dies stellt eine Verallgemeinerung der oben angegebenen Schranke $\chi(G(\mathbb{Z}, D)) \leq |D| + 1$ dar.

In den folgenden Kapiteln werden weitere Färbungsarten von Distanzgraphen betrachtet. In Kapitel 4 werden sogenannte Listenfärbungen untersucht, bei denen die Farbe eines jeden Knotens aus einer vorgegebenen Liste von Farben ausgewählt werden muss. Die kleinste Zahl k, für die es bei beliebiger Wahl von Listen der Länge mindestens k stets eine zulässige Färbung der Knoten gibt, wird listenchromatische Zahl $\mathrm{ch}(G)$ des Graphen G genannt.

In diesem Kapitel wird die Schranke $\text{ch}(G(\mathbb{Z}, D)) \leq |D| + 1$ für die listenchromatische Zahl ganzzahliger Distanzgraphen bewiesen. Außerdem wird die listenchromatische Zahl einer Reihe von ganzzahligen Distanzgraphen bestimmt, darunter solche mit ein- oder zweielementigen Distanzmengen, mit dreielementigen Distanzmengen $D = \{x, y, x + y\}$ und $D = \{x, 2x, y\}$ sowie mit Distanzmengen $D = \{x, 2x, \ldots, nx, y\}$ mit $x > 1$ und $D = \{1, 2, \ldots, n, y\}$.

Desweiteren wird kurz auf eine Verallgemeinerung von Listenfärbungen eingegangen, den sogenannten (a, b)-Listenfärbungen, und es werden mehrere Ergebnisse über die listenchromatische Zahl ganzzahliger Distanzgraphen auf Distanzgraphen $G(\mathbb{R}, D)$ übertragen. Zuletzt wird gezeigt, dass die obere Schranke $\Delta(G(S, D))/2 + 1$ auch für die listenchromatische Zahl der Distanzgraphen $G(S, D)$ mit $S \subseteq \mathbb{R}^n$ gilt, sofern einige Bedingungen erfüllt sind.

Färbt man statt der Knoten die Kanten eines Graphen, so spricht man von Kanten- und Listenkantenfärbungen bzw. von kantenchromatischen und listenkantenchromatischen Zahlen. In Kapitel 5 werden unter anderem die kantenchromatischen und listenkantenchromatischen Zahlen aller Distanzgraphen mit Knotenmengen $\mathbb{Z}$, $\mathbb{Q}$ und $\mathbb{R}$ sowie aller Distanzgraphen $G(S, D)$ mit $S \subseteq \mathbb{R}^n$ bestimmt, die gewissen Symmetriebedingungen genügen, darunter Distanzgraphen mit Knotenmengen $\mathbb{Z}^n$, $\mathbb{Q}^n$ und $\mathbb{R}^n$. Es wird gezeigt, dass die kantenchromatische und die listenkantenchromatische Zahl dieser Distanzgraphen stets gleich sind, womit die sogenannte Listenkantenfärbungsvermutung für diese Distanzgraphen nachgewiesen wird.

Werden sowohl Knoten als auch Kanten eines Graphen gefärbt, so spricht man von Total- und Listentotalfärbungen bzw. von totalchromatischen und listentotalchromatischen Zahlen, die das Thema von Kapitel 6 sind. Die Ergebnisse über Kantenfärbungen lassen sich auf Totalfärbungen übertragen, so dass in diesem Kapitel unter anderem die totalchromatischen und die listentotalchromatischen Zahlen aller Distanzgraphen mit Knotenmengen $\mathbb{Z}^n$, $\mathbb{Q}^n$ und $\mathbb{R}^n$ vollständig bestimmt werden. Auch in diesen Fällen sind die totalchromatischen und die listentotalchromatischen Zahlen dieser Distanzgraphen stets gleich, also gilt die sogenannte Listentotalfärbungsvermutung für diese Distanzgraphen.

In Kapitel 7 werden diese klassischen Färbungsarten mittels sogenannter Grapheneigenschaften, also speziellen Klassen von Graphen, verallgemeinert und erste Ergebnisse über diese Art verallgemeinerter Knoten- und Kantenfärbungen von ganzzahligen Distanzgraphen bewiesen. Unter anderem werden die chromatischen Zahlen für alle bipartiten ganzzahligen Distanzgraphen und für ganzzahlige Distanzgraphen mit ein- oder zweielementiger Distanzmenge vollständig bestimmt.

Einige der Ergebnisse aus Kapitel 2 und 3 über ganzzahlige Distanzgraphen stammen aus der eigenen Diplomarbeit [60]. Einige der Ergebnisse aus Kapitel 3–6 sind bereits in referierten Zeitschriften veröffentlicht [53, 54, 55, 56]. Die Stellen sind entsprechend gekennzeichnet.

In dieser Arbeit wird angenommen, dass der Leser mit den Grundbegriffen der Graphentheorie vertraut ist. Weitere Grundlagen der Graphentheorie und in dieser Arbeit nicht definierte Begriffe findet man zum Beispiel in [9, 51, 88].

Falls nichts anderes gesagt wird, werden in der Arbeit ausschließlich schlichte Graphen behandelt, also Graphen ohne Mehrfachkanten und ohne Schlingen.

2 Eigenschaften von Distanzgraphen

In diesem Kapitel werden Distanzgraphen definiert. Anschließend werden einige einfach zu bestimmende Eigenschaften wie Zusammenhang, Kantenzusammenhang und Taillenweite untersucht.

2.1 Einleitung

Distanzgraphen wurden 1985 von Eggleton, Erdős und Skilton [32] sowie unabhängig davon von Watkins [86] als *unendliche zirkulante Graphen* eingeführt. Eine allgemeine Definition dieser Graphen findet man etwa in [29, 30]:

Definition 2.1. Sei S eine nichtleere Teilmenge des n-dimensionalen euklidischen Raumes, also $\emptyset \neq S \subseteq \mathbb{R}^n$, $n \in \mathbb{N}$, und D eine Menge positiver reeller Zahlen, $D \subseteq \mathbb{R}^+$. Der *Distanzgraph* $G(S, D)$ ist der (endliche oder unendliche) Graph mit Knotenmenge $V\big(G(S, D)\big) = S$, in dem zwei Knoten $u, v \in S$ genau dann benachbart sind, wenn ihr euklidischer Abstand $\|u - v\|_2$ ein Element von D ist, wobei mit $\|x\|_2 = \sqrt{x_1^2 + x_2^2 + \ldots + x_n^n}$ die *euklidische Norm* von $x = (x_1, x_2, \ldots, x_n) \in \mathbb{R}^n$ bezeichnet wird. Die Menge D wird *Distanzmenge* genannt und Elemente aus D *Distanzen* oder *Abstände*.

Es gilt also $V\big(G(S, D)\big) = S$ und $E\big(G(S, D)\big) = \{uv : u, v \in S, \|u - v\|_2 \in D\}$.

Beispiel 2.2. Der Distanzgraph $G(\mathbb{Z}^2, \{1\})$ besitzt die Menge aller Punkte der euklidischen Ebene mit ganzzahligen Koordinaten als Knotenmenge. Zwei Knoten sind genau dann benachbart, wenn ihr Abstand 1 beträgt, das heißt, wenn sich die beiden Knoten in genau einer Komponente um genau 1 unterscheiden. Jeder Knoten $(x, y) \in \mathbb{Z}^2$ besitzt also vier Nachbarn $(x \pm 1, y) \in \mathbb{Z}^2$ und $(x, y \pm 1) \in \mathbb{Z}^2$. Somit bildet $G(\mathbb{Z}^2, \{1\})$ ein unendliches Quadrat-Gitter (siehe Abbildung 2.1).

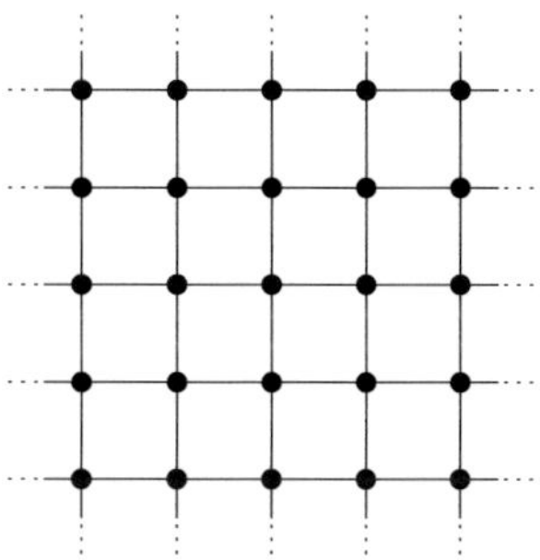

Abbildung 2.1: Der Distanzgraph $G(\mathbb{Z}^2, \{1\})$

In dieser Arbeit werden hauptsächlich Distanzgraphen mit den Knotenmengen $\mathbb{R}^n$, $\mathbb{Q}^n$ und $\mathbb{Z}^n$ untersucht, insbesondere die eindimensionalen Fälle mit $n = 1$. Der Abstand zweier Knoten u und v zueinander wird dann durch den gewöhnlichen Absolutbetrag $|u - v|$ bestimmt.

Definition 2.3. Distanzgraphen $G(\mathbb{Z}, D)$ mit $D \subseteq \mathbb{N}$ heißen (*eindimensionale*) *ganzzahlige Distanzgraphen*, Distanzgraphen $G(\mathbb{Q}, D)$ mit $D \subseteq \mathbb{Q}^+$ (*eindimensionale*) *rationale Distanzgraphen*, Distanzgraphen $G(\mathbb{R}, D)$ mit $D \subseteq \mathbb{R}^+$ (*eindimensionale*) *reelle Distanzgraphen*.

Notation 2.4. Für ganzzahlige Distanzgraphen werden folgende abkürzende Schreibweisen benutzt:

$$G(\mathbb{Z}, D) = G(D) = G(d_1, d_2, \ldots), \text{ für } D = \{d_1, d_2, \ldots\}.$$

Bemerkung 2.5. Die Einschränkung auf natürliche Abstände für eindimensionale ganzzahlige Distanzgraphen bzw. auf rationale Abstände für eindimensionale rationale Distanzgraphen ist sinnvoll, da in diesen Fällen nichtganze Zahlen bzw. irrationale Zahlen als Abstände keine Kanten erzeugen, $G(\mathbb{Z}, \mathbb{R}^+ \setminus \mathbb{N}) \cong G(\mathbb{Z}, \emptyset)$ bzw. $G(\mathbb{Q}, \mathbb{R}^+ \setminus \mathbb{Q}^+) \cong G(\mathbb{Q}, \emptyset)$, und der Zusammenhang zwischen Mächtigkeit der Distanzmenge und Grad der Knoten geht verloren (vergleiche Lemma 2.8).

Die Situation ändert sich in höheren Dimensionen, so dass dann irrationale Abstände zugelassen sein sollten.

Beispiel 2.6. Der Distanzgraph $G(\mathbb{Z}^2, \{\sqrt{2}\})$ ist isomorph zu zwei Kopien von $G(\mathbb{Z}^2, \{1\})$, die durch die Knoten $(x, y) \in \mathbb{Z}^2$ mit $x + y$ gerade bzw. ungerade induziert werden (siehe Abbildung 2.2).

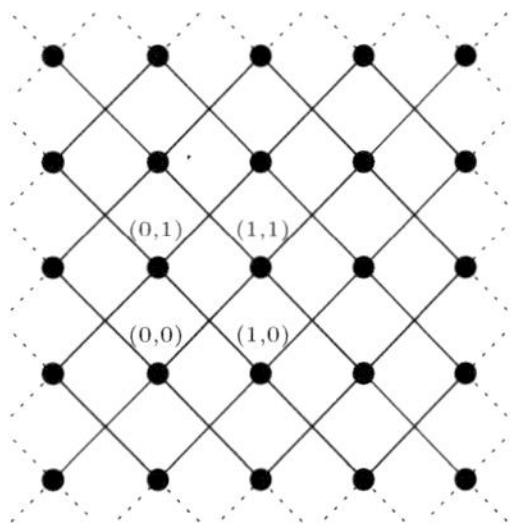

Abbildung 2.2: Der Distanzgraph $G(\mathbb{Z}^2, \{\sqrt{2}\})$

Beispiel 2.7. Man betrachte die ganzzahligen Distanzgraphen $G(\mathbb{Z}, \{2, 3\})$ (siehe Abbildung 2.3) und $G(\mathbb{Z}, \{2, 3, 5\})$ (siehe Abbildung 2.4).

Jeder Knoten $v \in S$ von $G(S, D)$ mit $S = \mathbb{Z}$, $D \subseteq \mathbb{N}$ bzw. mit $S = \mathbb{Q}$, $D \subseteq \mathbb{Q}^+$ bzw. mit $S = \mathbb{R}$, $D \subseteq \mathbb{R}^+$ ist zu genau 2 Knoten im Abstand $d \in D$ benachbart, nämlich zu $v - d$ und zu $v + d$. Damit ist jeder Knoten zu genau $|D|$ kleineren Knoten und zu genau $|D|$ größeren Knoten benachbart. Hieraus folgt:

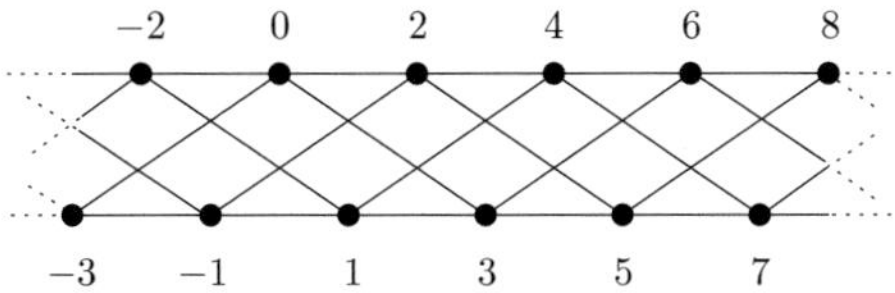

Abbildung 2.3: Der ganzzahlige Distanzgraph $G(\mathbb{Z}, \{2,3\})$

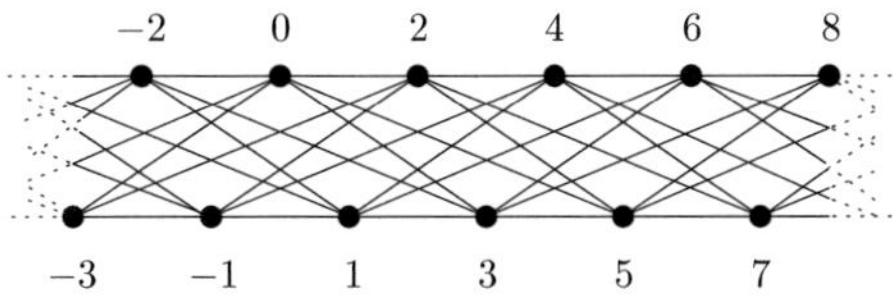

Abbildung 2.4: Der ganzzahlige Distanzgraph $G(\mathbb{Z}, \{2,3,5\})$

Lemma 2.8. *Die Distanzgraphen $G(\mathbb{Z}, D)$ mit $D \subseteq \mathbb{N}$, $G(\mathbb{Q}, D)$ mit $D \subseteq \mathbb{Q}^+$ und $G(\mathbb{R}, D)$ mit $D \subseteq \mathbb{R}^+$ sind $2\,|D|$-regulär.*

Auch Distanzgraphen mit Knotenmengen $\mathbb{Z}^n$ (siehe zum Beispiel Abbildungen 2.1 und 2.2) sowie $\mathbb{Q}^n$ und $\mathbb{R}^n$, die im Allgemeinen einen unendlichen Maximalgrad haben, sind regulär. Dies ergibt sich unmittelbar aus der folgenden stärkeren Eigenschaft.

Definition 2.9. Ein Graph G heißt *knotentransitiv*, falls für je zwei Knoten $u, v \in V(G)$ ein Automorphismus $\phi : V(G) \to V(G)$ mit $\phi(u) = v$ existiert.

Lemma 2.10. *Distanzgraphen $G(S, D)$ mit $S = \mathbb{Z}^n$, $\mathbb{Q}^n$ oder $\mathbb{R}^n$ sind knotentransitiv.*

Beweis. Für je zwei Knoten $u, v \in S$ ist die Abbildung $\phi : S \to S$, $\phi(x) = x - u + v$, ein Automorphismus mit $\phi(u) = v$, denn ϕ ist bijektiv und für je zwei Knoten $x, y \in S$ gilt $\|\phi(x) - \phi(y)\|_2 = \|x - u + v - (y - u + v)\|_2 = \|x - y\|_2$, woraus folgt, dass $\phi(x)$ und $\phi(y)$ genau dann benachbart sind, wenn x und y benachbart sind. □

Bemerkung 2.11. Die Definition von Distanzgraphen kann verallgemeinert werden (siehe etwa [31]), indem statt euklidischer Räume $(\mathbb{R}^n, \|\cdot\|_2)$ beliebige metrische Räume betrachtet werden.

Definition 2.12. Sei $\mathcal{M} = (M, d)$ ein metrischer Raum mit Grundmenge M und Metrik d. Sei $S \subseteq M$, $S \neq \emptyset$, und $D \subseteq \mathbb{R}^+$. Der *Distanzgraph* $G_{\mathcal{M}}(S, D)$ ist der Graph mit Knotenmenge S und Kanten zwischen je zwei Knoten $u, v \in S$ mit $d(u, v) \in D$.

Diese Definition ist sehr allgemein gefasst, wie folgendes Beispiel zeigt.

Beispiel 2.13. Sei $G = (V(G), E(G))$ ein schlichter ungerichteter Graph. Der graphentheoretische Abstand $d_G(u, v)$ zwischen zwei Knoten u, v von G bildet eine Metrik auf der Knotenmenge $V(G)$, denn für beliebige Knoten $u, v, w \in V(G)$ gilt $d_G(u, v) \geq 0$, $d_G(u, v) = 0$ genau dann, wenn $u = v$ gilt, $d_G(u, v) = d_G(v, u)$, da G ungerichtet ist, und $d_G(u, v) \leq d_G(u, w) + d_G(w, v)$, was aus der Definition des graphentheoretischen Abstands folgt.

Damit ist der Graph G isomorph zu $G_{\mathcal{M}}(V(G), \{1\})$ bezüglich des metrischen Raumes $\mathcal{M} = (V(G), d_G)$, da zwei Knoten aus $V(G)$ genau dann in G benachbart sind, wenn ihr graphentheoretischer Abstand 1 beträgt, das heißt, wenn sie in $G_{\mathcal{M}}(V(G), \{1\})$ benachbart sind.

Beispiel 2.14. Seien $n, k \in \mathbb{N}$, $n \geq k$, N eine n-elementige Menge und M die Menge aller k-elementigen Teilmengen von N, $M = \binom{N}{k}$. Die Abbildung $d : M \times M \to \mathbb{R}_0^+$ mit $d(U, V) = |U \setminus V|$ ist eine Metrik auf M, denn für $U, V, W \in M$ gilt $d(U, V) \geq 0$, $d(U, V) = 0$ genau dann, wenn $U = V$, $d(U, V) = d(V, U) = k - |U \cap V|$ und $d(U, V) \leq d(U, W) + d(W, V)$, denn $d(U, W) + d(W, V) = |U \setminus W| + |W \setminus V| = |(U \setminus W) \cup (W \setminus V)| = |(U \cup W) \setminus (W \cap V)| \geq |U \setminus V| = d(U, V)$.

Der *Kneser-Graph* $KG(n, k)$ mit $n \geq k$ ist der Graph mit der Menge $M = \binom{N}{k}$ aller k-elementigen Teilmengen einer n-elementigen Menge N als Knotenmenge, in dem zwei Knoten genau dann benachbart sind, wenn die zugehörigen Teilmengen disjunkt sind. Da genau die disjunkten Teilmengen $U, V \in M$ einen Abstand $d(U, V) = k$ zueinander haben, ist der Kneser-Graph $KG(n, k)$ isomorph zum Distanzgraphen $G_{\mathcal{M}}(M, \{k\})$ mit $\mathcal{M} = (M, d)$.

Abbildung 2.5 stellt den Kneser-Graphen $KG(5, 2)$ dar, der isomorph zum Petersen-Graphen ist.

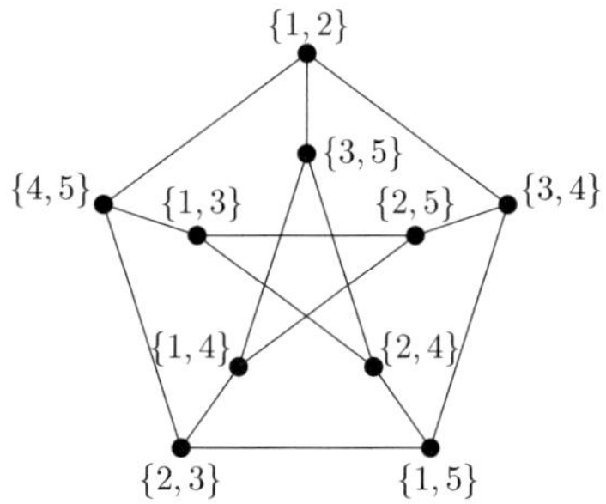

Abbildung 2.5: Der Kneser-Graph $KG(5, 2)$

2.2 Zusammenhang in ganzzahligen Distanzgraphen

In diesem Abschnitt werden zusammenhängende ganzzahlige Distanzgraphen charakterisiert sowie die Knoten- und die Kantenzusammenhangszahl aller ganzzahligen Distanzgraphen bestimmt, die sich leicht aus dem besonderen Aufbau dieser Graphen ableiten lassen.

Definition 2.15. Ein Graph G heißt *zusammenhängend*, wenn es zwischen je zwei Knoten $u, v \in V(G)$ einen u-v-Weg gibt. Ein maximaler zusammenhängender Teilgraph eines Graphen G heißt *Komponente* von G.

Beispiel 2.16. Es werden ganzzahlige Distanzgraphen $G(\mathbb{Z}, \{d\})$ zu einelementigen Distanzmengen $\{d\}$ betrachtet.

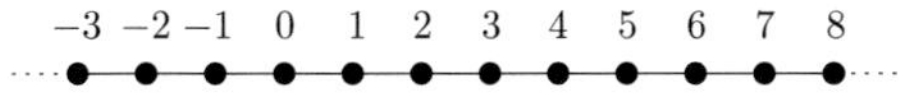

Abbildung 2.6: Der ganzzahlige Distanzgraph $G(\mathbb{Z}, \{1\})$

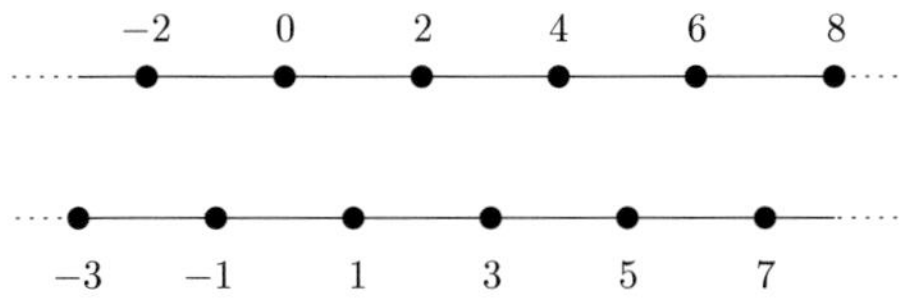

Abbildung 2.7: Der ganzzahlige Distanzgraph $G(\mathbb{Z}, \{2\})$

Wie man aus den Abbildungen 2.6 und 2.7 erkennt, besteht der ganzzahlige Distanzgraph $G(\mathbb{Z}, \{d\})$ aus d Komponenten, nämlich aus d disjunkten, beidseitig unendlichen Wegen P_∞, welche durch die Restklassen modulo d induziert werden. Nur $G(\mathbb{Z}, \{1\})$ ist zusammenhängend. Dies lässt sich folgendermaßen verallgemeinern:

Lemma 2.17 (Voigt [81]; Kemnitz, Marangio [53]). *Sei t ein Teiler aller Elemente aus D und $\frac{1}{t}\,D = \{d/t : d \in D\}$. Dann gilt*

$$G(\mathbb{Z}, D) \cong t\,G(\mathbb{Z}, \tfrac{1}{t}\,D).$$

Beweis. Man betrachte die Restklassen modulo t, $S_i = \{v \in \mathbb{Z} : v \equiv i \pmod t\}$, $0 \leq i \leq t-1$. Sind zwei Knoten $u, v \in \mathbb{Z}$ in $G(\mathbb{Z}, D)$ benachbart, so ist $|u - v|$ durch t teilbar, also gehören u und v zur selben Restklasse modulo t. Demnach gibt es keine Kanten zwischen Knoten aus verschiedenen Restklassen, folglich besteht $G(\mathbb{Z}, D)$ aus den durch die t Restklassen induzierten Teilgraphen $\langle S_0\rangle, \ldots, \langle S_{t-1}\rangle$, die paarweise zueinander isomorph sind (Abbildung jeweils $v \mapsto v+1$). Da $\langle S_0\rangle$ zu $G(\frac{1}{t}\,D)$ isomorph ist (Abbildung $v \mapsto v/t$), folgt die Aussage des Lemmas. □

Hiermit lässt sich der folgende Satz beweisen, der Ergebnisse aus [32] verallgemeinert.

Satz 2.18 (Chappell [19]). *Gegeben sei der Distanzgraph $G(\mathbb{Z}, D)$ zur Distanzmenge $\emptyset \neq D \subseteq \mathbb{N}$.*

1. *$G(\mathbb{Z}, D)$ ist genau dann zusammenhängend, wenn $\operatorname{ggT}(D) = 1$ ist.*

2. *Jede der $\operatorname{ggT}(D)$ Komponenten von $G(\mathbb{Z}, D)$ ist isomorph zu $G\left(\mathbb{Z}, \frac{1}{\operatorname{ggT}(D)} D\right)$, also gilt*
$$G(\mathbb{Z}, D) \cong \operatorname{ggT}(D)\, G\left(\mathbb{Z}, \frac{1}{\operatorname{ggT}(D)}\, D\right).$$

Beweis.

1. Sei $g = \operatorname{ggT}(D)$ und $D' = \frac{1}{g} D = \{d/g : d \in D\}$. Nach Lemma 2.17 gilt $G(\mathbb{Z}, D) \cong gG(\mathbb{Z}, D')$, also ist $G(\mathbb{Z}, D)$ nicht zusammenhängend für $g \neq 1$.

Sei nun $g = 1$. Falls D eine unendliche Menge ist, so lassen sich aus D endlich viele Elemente auswählen, die den größten gemeinsamen Teiler $g = 1$ besitzen: Man wähle ein beliebiges Element $d \in D$, $d \neq 1$, und für jeden der endlich vielen Primteiler t von d ein nicht durch t teilbares Element aus D.

Demnach kann 1 als Linearkombination von endlich vielen Elementen aus D dargestellt werden. Es folgt, dass je zwei Knoten $x, x+1 \in \mathbb{Z}$ durch einen (endlichen) Kantenzug verbunden sind, also auch je zwei verschiedene Knoten $x, y \in \mathbb{Z}$. Somit ist $G(\mathbb{Z}, D)$ zusammenhängend.

2. Dies ist eine direkte Folgerung aus Lemma 2.17 und der ersten Aussage. □

Hieraus folgt, dass man sich im Allgemeinen auf die Untersuchung von ganzzahligen Distanzgraphen $G(\mathbb{Z}, D)$ mit $\text{ggT}(D) = 1$ beschränken kann.

Knotenzusammenhangszahl von ganzzahligen Distanzgraphen

Definition 2.19. Es sei G ein Graph. Eine Knotenmenge $V' \subset V(G)$ heißt *trennende Knotenmenge* von G, wenn $G - V'$ mehr Komponenten als G enthält.

Ein zusammenhängender Graph G heißt *k-zusammenhängend* oder *k-knotenzusammenhängend*, wenn jede trennende Knotenmenge von G mindestens k Knoten enthält.

Für einen Graphen G ist die *Zusammenhangszahl* oder *Knotenzusammenhangszahl* $\kappa(G)$ die kleinste Anzahl von Knoten, durch deren Weglassen sich ein unzusammenhängender Graph oder der triviale Graph K_1 ergibt.

Es folgt $\kappa(G) = 0$ für nicht zusammenhängende Graphen, zum Beispiel für ganzzahlige Distanzgraphen $G(\mathbb{Z}, D)$ mit $\text{ggT}(D) \neq 1$, wie aus Satz 2.18 bekannt.

Watkins [86] erweiterte diese Definition, um die Verhältnisse in den unendlichen Distanzgraphen besser beschreiben zu können, und bestimmte die Knotenzusammenhangszahl aller ganzzahligen Distanzgraphen mit endlicher Distanzmenge.

Definition 2.20. Für einen Graphen G ist $\kappa_f(G)$ die kleinste Anzahl von Knoten, durch deren Weglassen sich ein unzusammenhängender Graph mit mindestens einer endlichen Komponente oder der triviale Graph K_1 ergibt.

Mit $\kappa_\infty(G)$ wird die kleinste Anzahl von Knoten bezeichnet, durch deren Weglassen sich ein unzusammenhängender Graph mit ausschließlich unendlichen Komponenten ergibt.

Für endliche Graphen G wird $\kappa_\infty(G)$ nicht betrachtet, und es gilt $\kappa(G) = \kappa_f(G)$.

Für unendliche Graphen G wird für $\kappa(G)$, $\kappa_f(G)$ und $\kappa_\infty(G)$ der Wert ∞ zugelassen, um darzustellen, dass das Entfernen einer endlichen Knotenmenge den Zusammenhang nicht zerstört, und es gilt $\kappa(G) = \min\{\kappa_f(G), \kappa_\infty(G)\}$.

Beispiel 2.21. Für den beidseitig unendlichen Weg $P_\infty \cong G(\mathbb{Z}, \{1\})$ (siehe Abbildung 2.6) gilt $\kappa_\infty(P_\infty) = 1$, da P_∞ zusammenhängend ist und das Entfernen eines beliebigen Knotens zwei einseitig unendliche Wege erzeugt. Hieraus folgt auch $\kappa_f(P_\infty) \geq 2$, und $\kappa_f(P_\infty) \leq 2$ gilt, weil das Entfernen der zwei Nachbarn eines Knotens eine Komponente K_1 erzeugt, also gilt $\kappa_f(P_\infty) = 2$.

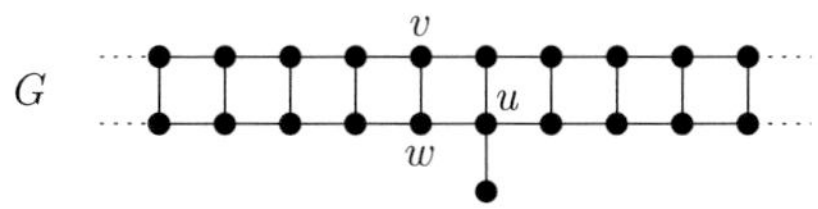

Abbildung 2.8: Der Graph $P_\infty \times K_2$ mit einer angehängten Kante

Beispiel 2.22. Man betrachte den Graphen G in Abbildung 2.8, der aus dem Leitergraphen $P_\infty \times K_2$ mit einer angehängten Kante besteht.

Der Graph G ist zusammenhängend und besitzt genau eine Artikulation u, durch deren Entfernen sich eine Komponente K_1 ergibt. Es folgt $\kappa_f(G) = 1$ sowie $\kappa_\infty(G) \geq 2$. Andererseits erhält man durch Entfernen der zwei Knoten v und w zwei unendliche Komponenten, also gilt $\kappa_\infty(G) = 2$.

Beispiel 2.23. Für den Distanzgraphen $G \cong G(\mathbb{Z}^2, \{1\})$ (siehe Abbildung 2.1) gilt $\kappa_f(G) = 4$. Jeder Knoten v ist Anfangsknoten von zwei horizontalen und zwei vertikalen einseitig unendlichen Wegen mit nur v als gemeinsamen Knoten. Ist S eine trennende Knotenmenge von G und v ein Knoten einer endlichen Komponente von $G - S$, so muss mindestens ein Knoten aus jedem der einseitig unendlichen Wege mit v als Anfangsknoten zu S gehören, woraus $\kappa_f(G) \geq 4$ folgt. Andererseits gilt $\kappa_f(G) \leq 4$, da durch das Entfernen der vier Nachbarn eines Knotens man eine Komponente K_1 erhält.

Eine endliche Knotenmenge S ist beschränkt, also enthält $G - S$ genau eine unendliche Komponente, da durch außerhalb von S verlaufenden unendlichen Wegen der Zusammenhang sichergestellt wird. Der Graph G besitzt also keine endliche trennende Knotenmenge, die ausschließlich unendliche Komponenten erzeugt, und es gilt $\kappa_\infty(G) = \infty$.

Satz 2.24 (Watkins [86]). *Sei $G(\mathbb{Z}, D)$ ein zusammenhängender ganzzahliger Distanzgraph mit endlicher Distanzmenge $D \subseteq \mathbb{N}$. Dann gilt*

1. $\kappa_f(G(\mathbb{Z}, D)) = 2\,|D|$,
2. $\kappa_\infty(G(\mathbb{Z}, D)) = \max D$.

Eine unendliche Distanzmenge $D \subseteq \mathbb{N}$ mit $\mathrm{ggT}(D) = 1$ enthält eine endliche Teilmenge D_1 mit $\mathrm{ggT}(D_1) = 1$ (siehe Beweis von Satz 2.18). Für endliche Teilmengen $D_1 \subset D_2 \subset \cdots \subset D$ gilt ebenfalls $\mathrm{ggT}(D_i) = 1$, $i \in \mathbb{N}$. Weil $\kappa_f(G(D_i)) = 2\,|D_i|$ und $\kappa_\infty(G(D_i)) = \max D_i$ streng monoton wachsen, wächst auch $\kappa(G(D_i))$ streng monoton, also folgt $\kappa_f(G(D)) = \kappa_\infty(G(D)) = \kappa(G(D)) = \infty$. Damit gilt zusammenfassend für beliebige ganzzahlige Distanzgraphen:

Satz 2.25 (Marangio [60]). *Sei $G(\mathbb{Z}, D)$ der ganzzahlige Distanzgraph zur Distanzmenge $D \subseteq \mathbb{N}$. Dann gilt*

$$\kappa(G(\mathbb{Z}, D)) = \begin{cases} 0 & \textit{falls } \mathrm{ggT}(D) \neq 1, \\ 2\,|D| & \textit{falls } \mathrm{ggT}(D) = 1,\ D \textit{ endlich},\ 2\,|D| \leq \max D, \\ \max D & \textit{falls } \mathrm{ggT}(D) = 1,\ D \textit{ endlich},\ 2\,|D| > \max D, \\ \infty & \textit{falls } \mathrm{ggT}(D) = 1,\ D \textit{ unendlich}. \end{cases}$$

Kantenzusammenhangszahl von ganzzahligen Distanzgraphen

Die Ergebnisse aus dem letzten Abschnitt lassen sich auf die Kantenzusammenhangszahlen von ganzzahligen Distanzgraphen übertragen.

Definition 2.26. Eine Kantenmenge $E' \subset E(G)$ heißt *trennende Kantenmenge* von G, wenn $G - E'$ mehr Komponenten als G enthält.

Ein zusammenhängender Graph G heißt *l-kantenzusammenhängend*, wenn jede trennende Kantenmenge von G mindestens l Kanten enthält.

Die *Kantenzusammenhangszahl* $\lambda(G)$ eines Graphen G ist die kleinste Anzahl von Kanten, deren Weglassen einen unzusammenhängenden Graphen oder den trivialen Graphen K_1 ergibt.

Für nicht zusammenhängende Graphen G ist damit $\lambda(G) = 0$, etwa für die unzusammenhängenden ganzzahligen Distanzgraphen $G(\mathbb{Z}, D)$ mit $\text{ggT}(D) \neq 1$.

Definition 2.27. Für einen Graphen G ist $\lambda_f(G)$ die kleinste Anzahl von Kanten, durch deren Weglassen sich ein unzusammenhängender Graph mit mindestens einer endlichen Komponente oder der triviale Graph K_1 ergibt.

Mit $\lambda_\infty(G)$ wird die kleinste Anzahl von Kanten bezeichnet, durch deren Weglassen sich ein unzusammenhängender Graph mit ausschließlich unendlichen Komponenten ergibt.

Für endliche Graphen G wird $\lambda_\infty(G)$ nicht betrachtet, und es gilt $\lambda(G) = \lambda_f(G)$.

Für unendliche Graphen G wird für auch für diese Parameter der Wert ∞ zugelassen, um darzustellen, dass das Entfernen einer endlichen Kantenmenge den Zusammenhang nicht zerstört, und es gilt $\lambda(G) = \min\{\lambda_f(G), \lambda_\infty(G)\}$.

Beispiel 2.28. Analog zum Beispiel zur Knotenzusammenhangszahl (Beispiel 2.21) erhält man $\lambda_\infty(P_\infty) = 1$ und $\lambda_f(P_\infty) = 2$ für den beidseitig unendlichen Weg P_∞.

Der Beweis von Satz 2.24 aus [86] über die Knotenzusammenhangszahl lässt sich leicht abwandeln, um folgendes Ergebnis herzuleiten:

Satz 2.29 (Marangio [60]). *Sei $G(\mathbb{Z}, D)$ ein zusammenhängender ganzzahliger Distanzgraph zu einer endlichen Distanzmenge $D \subseteq \mathbb{N}$. Dann gilt*

1. $\lambda_f(G(\mathbb{Z}, D)) = 2\,|D|$,
2. $\lambda_\infty(G(\mathbb{Z}, D)) = \sum_{d \in D} d$.

Beweis. Sei $D = \{d_1, \ldots, d_r\}$ mit $d_1 < d_2 < \cdots < d_r$.

1. Es gilt $\lambda_f(G(\mathbb{Z}, D)) \leq 2\,|D|$, weil ein Knoten mit genau $2\,|D|$ Kanten inzidiert. Andererseits gilt $\lambda_f(G(\mathbb{Z}, D)) \geq 2\,|D|$: Sei L eine trennende Kantenmenge von $G(\mathbb{Z}, D)$, die eine endliche Komponente $H \subseteq G(\mathbb{Z}, D) - L$ erzeugt. Der kleinste Knoten von H inzidiert in $G(\mathbb{Z}, D)$ mit genau $|D|$ Kanten, die zu kleineren Knoten führen, und der größte Knoten von H mit $|D|$ Kanten, die zu größeren Knoten führen. Diese $2\,|D|$ Kanten müssen in der trennenden Kantenmenge L enthalten sein.

2. Die Kanten von $G(\mathbb{Z}, D)$ zwischen den Knotenmengen $\mathbb{N}$ und $\mathbb{Z} \setminus \mathbb{N}$ bilden eine trennende Kantenmenge L, die zwei unendliche Komponenten erzeugt. L besteht aus $d_1 + d_2 + \cdots + d_r$ Kanten, woraus $\lambda_\infty(G(\mathbb{Z}, D)) \leq d_1 + d_2 + \cdots + d_r$ folgt.

   Sei nun eine trennende Kantenmenge L minimaler Mächtigkeit gegeben, so dass $G(\mathbb{Z}, D) - L$ zwei unendliche Komponenten H_1, H_2 enthält. Wegen der Endlichkeit von L gibt es zwei Knoten $x_1, x_2 \in \mathbb{Z}$, so dass o.B.d.A. alle Knoten kleiner als x_1 in H_1 und alle Knoten größer als x_2 in H_2 liegen.

   Zu jedem $d_i \in D$ induzieren die d_i Restklassen modulo d_i beidseitig unendliche Wege P_∞ in $G(\{d_i\})$, die Knoten mit H_1 und H_2 gemeinsam haben. Demnach muss L mindestens eine Kante aus jedem dieser d_i Wege enthalten, also insgesamt mindestens $d_1 + d_2 + \cdots + d_r$ Kanten. □

Sei $D = \{d_1, \ldots, d_r\}$. Aus $d_1+d_2+\cdots+d_r \geq 1+2+\cdots+r = \frac{1}{2}r(r+1) \geq 2r$ für $r \geq 3$ folgt $\lambda(G(\mathbb{Z}, D)) = \min\{2|D|, \sum_{d\in D} d\} = 2|D|$ für $|D| \geq 3$. Bei ein- und zweielementigen Distanzmengen ist nur für $D = \{1\}$ und $D = \{1,2\}$ die Summe der Distanzelemente kleiner als $2|D|$. Für eine unendliche Distanzmenge D mit $\mathrm{ggT}(D) = 1$ folgt analog zur Knotenzusammenhangszahl, dass $\lambda_f(G(\mathbb{Z}, D)) = \lambda_\infty(G(\mathbb{Z}, D)) = \lambda(G(\mathbb{Z}, D)) = \infty$ gilt.

Damit gilt zusammenfassend für beliebige ganzzahlige Distanzgraphen:

Satz 2.30 (Marangio [60]). *Sei $G(\mathbb{Z}, D)$ der ganzzahlige Distanzgraph zur Distanzmenge $D \subseteq \mathbb{N}$. Dann gilt*

$$\lambda(G(\mathbb{Z}, D)) = \begin{cases} 0 & \textit{falls } \mathrm{ggT}(D) \neq 1, \\ 1 & \textit{falls } D = \{1\}, \\ 3 & \textit{falls } D = \{1,2\}, \\ \infty & \textit{falls } \mathrm{ggT}(D) = 1,\ D \textit{ unendlich}, \\ 2|D| & \textit{sonst.} \end{cases}$$

2.3 Taillenweite von ganzzahligen Distanzgraphen

Definition 2.31. Die *Taillenweite* $g(G)$ eines Graphen G ist die kleinste Länge eines in G enthaltenen Kreises. Falls G kreisfrei ist, so wird $g(G) = \infty$ gesetzt.

Dieser Parameter ist für ganzzahlige Distanzgraphen $G(\mathbb{Z}, D)$ einfach zu bestimmen:

Falls $D = \emptyset$ oder $D = \{d\}$, so ist $G(\mathbb{Z}, D)$ kreisfrei (siehe zum Beispiel Abbildungen 2.6 und 2.7), also folgt $g(G(\mathbb{Z}, D)) = \infty$.

Sei nun eine Distanzmenge $D \subseteq \mathbb{N}$ mit zwei verschiedenen Elemente $x < y$ gegeben. Dann ist $C = (0, x, x+y, y, 0)$ ein Kreis der Länge 4 in $G(\mathbb{Z}, D)$, womit für diese Distanzgraphen $g(G(\mathbb{Z}, D)) \leq 4$ folgt (siehe Abbildung 2.9).

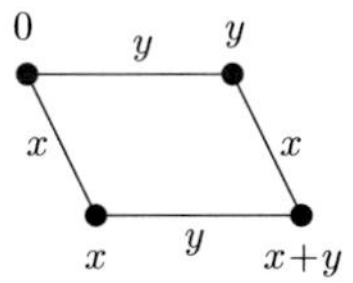

Abbildung 2.9: Kreis $C = (0, x, x+y, y, 0)$ der Länge 4

Ein ganzzahliger Distanzgraph $G(\mathbb{Z}, D)$ enthält genau dann einen Kreis der Länge 3, wenn die Distanzmenge $D \subseteq \mathbb{N}$ zwei (nicht notwendigerweise verschiedene) Abstände und deren Summe enthält. Dies führt auf die Fälle $\{x, 2x\} \subseteq D$ mit $x \in \mathbb{N}$ oder $\{x, y, x+y\} \subseteq D$ mit $x, y \in \mathbb{N}$, $x \neq y$.

Zusammenfassend gilt also:

Satz 2.32. *Für $D \subseteq \mathbb{N}$ gilt:*

$$g(G(\mathbb{Z}, D)) = \begin{cases} \infty & \textit{falls } |D| \leq 1, \\ 3 & \textit{falls } \{x, 2x\} \subseteq D,\ x \in \mathbb{N}, \\ 3 & \textit{falls } \{x, y, x+y\} \subseteq D,\ x, y \in \mathbb{N}, x \neq y, \\ 4 & \textit{sonst.} \end{cases}$$

2.4 Kreise in ganzzahligen Distanzgraphen

In diesem Abschnitt wird die Länge der Kreise, die in ganzzahligen Distanzgraphen enthalten sind, untersucht. Weil ganzzahlige Distanzgraphen zu einelementigen Distanzmengen kreisfrei sind, wird $|D| \geq 2$ vorausgesetzt. Außerdem sei $\operatorname{ggT}(D) = 1$, da $G(\mathbb{Z}, D) \cong \operatorname{ggT}(D)\, G\big(\frac{1}{\operatorname{ggT}(D)} D\big)$ und wegen der Isomorphie die Länge der Kreise in beiden Graphen gleich ist.

Lemma 2.33. *Ist in einem ganzzahligen Distanzgraphen ein Kreis der Länge n enthalten, so auch ein Kreis der Länge $n+2$.*

Beweis. Sei $G(\mathbb{Z}, D)$ ein ganzzahliger Distanzgraph und $d = \max D$ das größte Element der Distanzmenge. Sei $C = (v_1, v_2, \dots, v_n, v_1)$ ein in $G(\mathbb{Z}, D)$ enthaltener Kreis der Länge n mit v_1 als kleinstem Knoten.

$C' = (v_1 - d, v_2 - d, v_2, \dots, v_n, v_n - d, v_1 - d)$ ist ein Kreis der Länge $n+2$: Aufeinanderfolgende Knoten sind benachbart, darüber hinaus treten die Knoten nur einmal auf, denn es gilt $v_1 - d, v_2 - d, v_n - d \leq v_1$, d.h. die neuen Knoten sind nicht in $\{v_2, \dots, v_n\}$ enthalten. □

Beispiel 2.34. Ganzzahlige Distanzgraphen $G(\mathbb{Z}, D)$ mit $|D| \geq 2$ enthalten Kreise der Länge 4. Nach Lemma 2.33 sind darüber hinaus Kreise aller geraden Längen enthalten.

Sei etwa $\{x, y\} \subseteq D$ mit $x < y$. Dann ist $C = (0, y, 2y, \dots, (k-1)y, (k-1)y + x, \dots y + x, x, 0)$ ein Kreis der Länge $2k$ für $k \geq 2$ (siehe Abbildung 2.10).

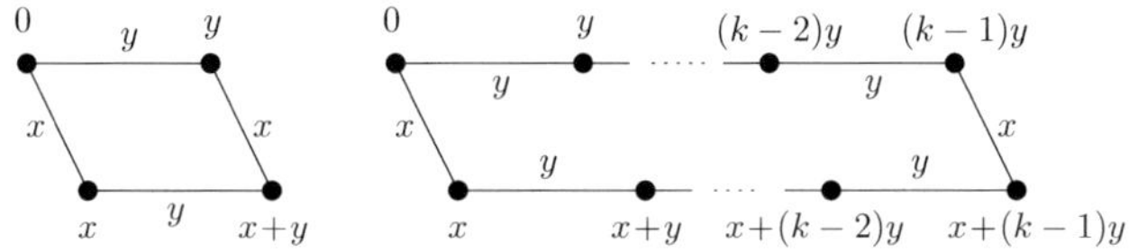

Abbildung 2.10: Gerade Kreise in $G(\mathbb{Z}, D)$

Für bipartite ganzzahlige Distanzgraphen, d.h. mit obigen Voraussetzungen für ganzzahlige Distanzgraphen mit ausschließlich ungeraden Abständen, sind dies auch alle enthaltene Kreise, denn Kreise ungerader Länge können nicht auftreten.

Beispiel 2.35. Genau die ganzzahligen Distanzgraphen $G(\mathbb{Z}, D)$ mit $\{x, 2x\} \subseteq D$, $x \in \mathbb{N}$, oder $\{x, y, x+y\} \subseteq D$, $x, y \in \mathbb{N}$, enthalten Kreise der Länge 3. Nach Lemma 2.33 sind Kreise jeder ungeraden Länge enthalten, so ist etwa $C = (0, x+y, \ldots, k(x+y), kx+(k-1)y, \ldots, 2x+y, x, 0)$ mit $x = y$ oder $x < y$ ein Kreis der Länge $2k+1$, $k \in \mathbb{N}$ (siehe Abbildung 2.11). Insgesamt enthalten diese ganzzahligen Distanzgraphen Kreise jeglicher Länge.

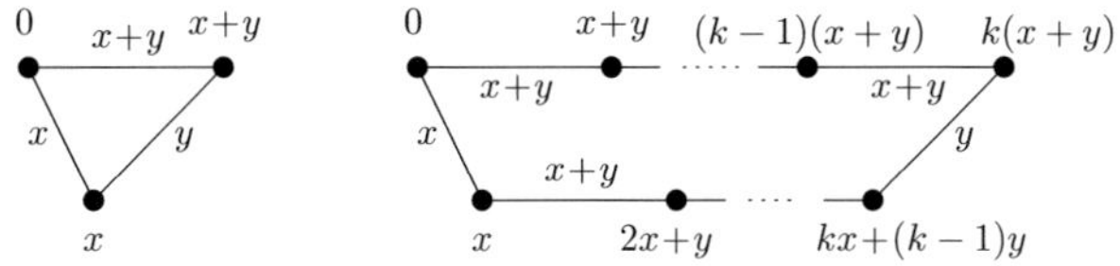

Abbildung 2.11: Ungerade Kreise in $G(\mathbb{Z}, D)$

Definition 2.36. Besitzt ein Graph G der Ordnung $p \geq 3$ einen Kreis der Länge n für jedes n mit $3 \leq n \leq p$, so heißt G *panzyklisch*. G heißt *knotenpanzyklisch*, falls durch jeden Knoten von G Kreise jeder Länge $3 \leq n \leq p$ laufen.

Damit sind ganzzahlige Distanzgraphen $G(\mathbb{Z}, D)$ mit $\{x, 2x\} \subseteq D$ oder $\{x, y, x+y\} \subseteq D$ die einzigen panzyklischen ganzzahligen Distanzgraphen, und sie sind sogar knotenpanzyklisch, da sie knotentransitiv sind.

Es stellt sich nun die Frage, was im allgemeinen Fall gilt. Wie oben gesehen sind Kreise aller geraden Längen und aller ungeraden Längen ab einer kleinsten ungeraden Länge enthalten. Demnach bleibt nur zu bestimmen, welche die kleinste ungerade Länge eines Kreises ist, der in einem ganzzahligen Distanzgraphen $G(\mathbb{Z}, D)$ enthalten ist.

Beispiel 2.37. Sei $D = \{2, 3\}$. Der Distanzgraph $G(\mathbb{Z}, D)$ enthält Kreise jeder Länge ab 4, denn $C = (0, 2, 4, 6, 3, 0)$ ist ein Kreis der Länge 5, und wie oben gesehen kann $G(\mathbb{Z}, D)$ keinen Kreis der Länge 3 enthalten.

Beispiel 2.38. Der Distanzgraph $G(\mathbb{Z}, D)$ mit Distanzmenge $D = \{1, k\}$, $k \geq 2$ gerade, besitzt Kreise der ungeraden Länge $k+1$, etwa $C = (0, 1, 2, \ldots, k, 0)$. Dies ist auch die kleinste ungerade Länge eines in $G(\mathbb{Z}, D)$ enthaltenen Kreises.

Durchläuft man einen geschlossenen Kantenzug von $G(D)$ in einer beliebigen Richtung, so erkennt man, dass $G(D)$ genau dann einen geschlossenen Kantenzug ungerader Länge und damit einen Kreis ungerader Länge enthält, wenn die Linearkombination $\sum_{i=1}^{|D|} k_i d_i = 0$ eine nichttriviale Lösung mit $k_i \in \mathbb{Z}$ besitzt. Hieraus folgt, dass die Länge n eines kürzesten ungeraden Kreises in einem nicht bipartiten Distanzgraphen $G(\mathbb{Z}, D)$ zu einer t-elementigen Distanzmenge $D = \{d_1, \ldots, d_t\}$ durch

$$n = \min \left\{ \sum_{i=1}^{t} |k_i| : k_1, \ldots, k_t \in \mathbb{Z}, \sum_{i=1}^{t} |k_i| \text{ ungerade}, \sum_{i=1}^{t} k_i d_i = 0 \right\}$$

bestimmt wird.

3 Chromatische Zahlen von Distanzgraphen

3.1 Einleitung

In diesem Abschnitt werden einige allgemeine Definitionen sowie aus der Literatur bekannte Sätze und Ergebnisse aus dem Bereich der chromatischen Graphentheorie angegeben, die im Folgenden bei der Untersuchung von Distanzgraphen benötigt werden. Ausführliche Informationen über dieses Gebiet der Graphentheorie findet man zum Beispiel in [20, 45].

Definition 3.1. Eine Zuordnung von Farben zu den Knoten eines Graphen G in der Weise, dass benachbarte Knoten verschieden gefärbt sind, heißt (*zulässige*) *Färbung* oder *Knotenfärbung* von G.

Eine Färbung mit höchstens k Farben heißt eine *k-Färbung*, der Graph G heißt dann *k-färbbar*. Besitzt der Graph G eine k-Färbung, jedoch keine $(k-1)$-Färbung, so heißt k *chromatische Zahl* von G, geschrieben $\chi(G)$. Falls G für keine natürliche Zahl k eine k-Färbung besitzt, so wird $\chi(G) = \infty$ geschrieben.

Zu einer gegebenen Färbung $f : V(G) \to F$ von G bezeichne die *Farbklasse* $V_{i,f}$ die Menge aller Knoten von G, die mit der Farbe $i \in F$ gefärbt sind:

$$V_{i,f} = \{v \in V(G) : f(v) = i\}, \quad i \in F.$$

Werden nicht alle Knoten eines Graphen G gefärbt, sondern nur die Knoten aus $\emptyset \neq U \subset V(G)$, so heißt die Zuordnung eine *partielle Färbung* des Graphen G. Eine partielle Färbung von G ist folglich eine Färbung des durch U induzierten Teilgraphen von G.

Beispiel 3.2. In einem vollständigen Graphen K_p der Ordnung p sind je zwei Knoten benachbart, es werden deshalb p Farben zur Färbung der Knoten benötigt. Durch Färben eines jeden Knotens mit einer eigenen Farbe folgt $\chi(K_p) = p$.

Die folgende Monotonieeigenschaft kann benutzt werden, um untere bzw. obere Schranken für die chromatische Zahl eines Graphen zu bestimmen, indem Teilgraphen bzw. Obergraphen des Graphen betrachtet werden.

Lemma 3.3. *Aus $H \subseteq G$ folgt $\chi(H) \leq \chi(G)$.*

Beweis. Die Einschränkung einer jeden Färbung von G auf die Knotenmenge von H liefert eine Färbung von H. □

Definition 3.4. Die *Vereinigung* $G = H_1 \cup H_2$ zweier Graphen H_1 und H_2 ist der Graph mit Knotenmenge $V(G) = V(H_1) \cup V(H_2)$ und Kantenmenge $E(G) = E(H_1) \cup E(H_2)$.

Für gewöhnlich betrachtet man nur *disjunkte Vereinigungen* (das heißt $V(H_1) \cap V(H_2) = \emptyset$), in einigen Fällen auch beliebige Vereinigungen, bei denen auch $V(H_1) \cap V(H_2) \neq \emptyset$ erlaubt ist.

Die folgende Additivitätseigenschaft impliziert, dass man sich bei der Betrachtung von chromatischen Zahlen auf zusammenhängende Graphen beschränken kann.

Lemma 3.5. *Die Graphen $H_1, H_2, \ldots, H_r$ seien paarweise disjunkt. Für die Vereinigung $G = H_1 \cup \ldots \cup H_r$ gilt*

$$\chi(G) = \max\{\chi(H_i) : 1 \leq i \leq r\}.$$

Beweis. Wegen $V(H_i) \cap V(H_j) = \emptyset$ für $i \neq j$ lassen sich die Knoten der Graphen H_i unabhängig voneinander mit den Farben $1, \ldots, \chi(H_i)$ färben, $1 \leq i \leq r$, woraus $\chi(G) \leq \max\{\chi(H_i) : 1 \leq i \leq r\}$ folgt. Wegen $H_i \subseteq G$ für $1 \leq i \leq r$ folgt aus Lemma 3.3 die Gleichheit. □

Ist $G = H_1 \cup \ldots \cup H_r$ eine nichtdisjunkte Vereinigung, so lässt sich nur eine obere Schranke für die chromatische Zahl ableiten.

Lemma 3.6. *Für die nichtdisjunkte Vereinigung $G = H_1 \cup \ldots \cup H_r$ von Graphen gilt*

$$\max\{\chi(H_i) : 1 \leq i \leq r\} \leq \chi(G) \leq \chi(H_1)\chi(H_2)\ldots\chi(H_r).$$

Beweis. Wegen $H_i \subseteq G$ für $1 \leq i \leq r$ folgt aus Lemma 3.3 die erste Ungleichung.

Ohne Beschränkung der Allgemeinheit seien die Teilgraphen H_i aufspannend, da hinzugefügte isolierte Knoten nicht die chromatische Zahl der Graphen ändern, das heißt, es gelte $V(G) = V(H_i)$ für $1 \leq i \leq r$.

Gegeben seien die zulässigen Färbungen $f_i : V(G) \to \{1, \ldots, k_i\}$ von H_i mit $k_i = \chi(H_i)$ für $i = 1, \ldots, r$. Man erhält eine Färbung f von G mit r-Tupeln als Farben, indem $f : V(G) \to \{1, \ldots, k_1\} \times \cdots \times \{1, \ldots, k_r\}$, $f(v) = (f_1(v), \ldots, f_r(v))$ gesetzt wird.

Die Färbung f ist eine zulässige Färbung von G, denn jede Kante $uv \in E(G)$ ist in einem Teilgraphen enthalten, etwa $uv \in E(H_i)$ für ein $i \in \{1, \ldots, r\}$, in dem $f_i(u) \neq f_i(v)$ gilt, woraus $f(u) \neq f(v)$ folgt. Da die Färbung f höchstens $k_1 k_2 \cdots k_r$ Farben benutzt, folgt die zweite Ungleichung $\chi(G) \leq \chi(H_1)\chi(H_2)\ldots\chi(H_r)$. □

Sowohl die untere als auch die obere Schranke des Lemmas 3.6 wird bei bestimmten Vereinigungen angenommen, wie folgende Beispiele zeigen.

Beispiel 3.7. Ein Kreis $C_4 = (v_1, v_2, v_3, v_4, v_1)$ lässt sich als nichtdisjunkte Vereinigung zweier Wege P_4 darstellen, etwa (v_1, v_2, v_3, v_4) und (v_2, v_3, v_4, v_1). Es gilt $\chi(C_4) = 2 = \chi(P_4)$.

Ein vollständiger Graph K_4 mit Knotenmenge $\{v_1, v_2, v_3, v_4\}$ lässt sich als nichtdisjunkte Vereinigung zweier Wege P_4 darstellen, etwa (v_1, v_2, v_3, v_4) und (v_2, v_4, v_1, v_3). Es gilt $\chi(K_4) = 4 = \chi(P_4)\chi(P_4)$.

Beispiel 3.8. Ein vollständiger Graph gerader Ordnung lässt sich als nichtdisjunkte Vereinigung $K_{2m} = K_{m,m} \cup 2K_m$ darstellen. Iterativ folgt

$$K_{2^n} = K_{2^{n-1},2^{n-1}} \cup 2K_{2^{n-1}} = K_{2^{n-1},2^{n-1}} \cup 2K_{2^{n-2},2^{n-2}} \cup 4K_{2^{n-2}} = \cdots = H_1 \cup H_2 \cup \ldots \cup H_n$$

mit $H_i \cong 2^{i-1} K_{2^{n-i},2^{n-i}}$, $1 \leq i \leq n$, das heißt, K_{2^n} lässt sich als nichtdisjunkte Vereinigung von n bipartiten Graphen darstellen, und es gilt $\chi(K_{2^n}) = 2^n = \chi(H_1)\chi(H_2)\ldots\chi(H_n)$.

Diese Darstellung für den K_8 findet sich in Abbildung 3.1.

Folgende Parameter liefern einfach zu beweisende Schranken für die chromatische Zahl.

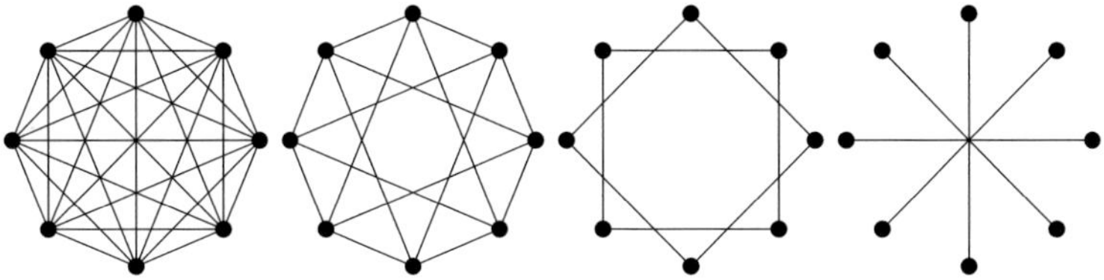

Abbildung 3.1: $K_8 \cong K_{4,4} \cup 2K_{2,2} \cup 4K_{1,1}$

Definition 3.9. Eine *Clique* eines Graphen G ist eine Teilmenge der Knotenmenge von G, die einen vollständigen Teilgraphen induziert, das heißt, je zwei Knoten einer Clique sind benachbart. Die größte Mächtigkeit einer Clique eines Graphen G ist die *Cliquenzahl* $\omega(G)$.

Definition 3.10. Eine *stabile* oder *unabhängige Menge* eines Graphen G ist eine Teilmenge der Knotenmenge von G, die einen leeren Graphen induziert, das heißt, je zwei Knoten einer stabilen Menge sind nicht benachbart. Die größte Mächtigkeit einer stabilen Menge eines Graphen G ist die *Stabilitäts-* oder *Unabhängigkeitszahl* $\alpha(G)$.

Lemma 3.11. *Für Graphen G der Ordnung p gilt*

$$\max\{\omega(G), p/\alpha(G)\} \leq \chi(G) \leq p - \alpha(G) + 1.$$

Beweis. Mit $K_{\omega(G)} \subseteq G$ folgt aus Lemma 3.3, dass $\omega(G) = \chi(K_{\omega(G)}) \leq \chi(G)$ gilt.

Jede Farbklasse einer $\chi(G)$-Färbung ist eine unabhängige Knotenmenge, enthält demnach höchstens $\alpha(G)$ Knoten, woraus $p \leq \chi(G)\alpha(G)$, also $p/\alpha(G) \leq \chi(G)$ folgt.

Man färbe alle Knoten einer maximalen stabilen Menge mit einer Farbe, die restlichen $p - \alpha(G)$ Knoten mit je einer Farbe, um eine Färbung von G mit $p - \alpha(G) + 1$ Farben zu erhalten. □

Definition 3.12. Der *Grad* oder die *Valenz* $d(v) = d_G(v)$ eines Knotens v eines Graphen G ist die Anzahl der zu v benachbarten Knoten. Der *Minimalgrad* $\delta(G)$ bzw. der *Maximalgrad* $\Delta(G)$ bezeichnet den kleinsten bzw. den größten Grad eines Knotens, der im Graphen G vorkommt.

Lemma 3.13. *Für endliche Graphen G gilt $\chi(G) \leq \Delta(G) + 1$.*

Beweis. Man färbe die Knoten von G in einer beliebigen Reihenfolge. Jeder Knoten v ist zu höchstens $\Delta(G)$ Knoten benachbart, unter $\Delta(G) + 1$ Farben findet sich also stets eine Farbe, die bei den bereits gefärbten Nachbarn von v nicht benutzt wurde und deshalb zur Färbung von v verwendet werden kann. □

Im Satz von Brooks [14] wird diese Schranke für die meisten Graphenklassen um 1 verbessert.

Satz 3.14 (Brooks [14]). *Für einen endlichen zusammenhängenden Graphen G, der weder vollständig noch ein ungerader Kreis ist, gilt $\chi(G) \leq \Delta(G)$.*

Eine weitere allgemeine obere Schranke für die chromatische Zahl ist durch den folgenden Parameter gegeben.

Definition 3.15 (Erdős, Hajnal [34]). Die *Färbungszahl* oder *Reihenzahl* $\operatorname{col}(G)$ eines Graphen G ist definiert als die kleinste Kardinalzahl ξ, für die es eine Wohlordnung der Knotenmenge $V(G)$ gibt, so dass jeder Knoten $v \in V(G)$ zu weniger als ξ Knoten benachbart ist, die in der Wohlordnung vor v liegen.

Die Färbungszahl endlicher Graphen lässt sich aus den Minimalgraden der Teilgraphen bestimmen.

Lemma 3.16 (Szekeres, Wilf [76]). *Für endliche Graphen G gilt*

$$\operatorname{col}(G) = \max_{H \subseteq G} \delta(H) + 1.$$

Beweis. Die Aussage ist trivialerweise für Nullgraphen N_p erfüllt, da $\operatorname{col}(N_p) = 1$, $\delta(N_n) = 0$.

Sei G ein nichtleerer endlicher Graph und $t = \operatorname{col}(G)$. Dann existiert ein Teilgraph T von G mit $\operatorname{col}(T) = t$, jedoch $\operatorname{col}(T - v) < t$ für jeden Knoten $v \in V(T)$. Der Teilgraph T ist ein sogenannter *kritischer Teilgraph* von G, den man durch sukzessives Entfernen von Knoten aus G erhält, solange die Färbungszahl gleich t bleibt.

Es gilt $\delta(T) \geq t - 1$, denn falls es einen Knoten v mit $d_T(v) \leq t - 2$ gäbe, so hätte die durch $\operatorname{col}(T - v)$ vorgegebene Ordnung der Knoten mit angehängtem Knoten v die Eigenschaft, dass jeder Knoten aus T höchstens $t-2$ Nachbarn hätte, die in der Reihenfolge vor ihm stünden, da $\operatorname{col}(T - v) < t$ und $d_T(v) \leq t - 2$ gilt, woraus $\operatorname{col}(T) \leq t - 1$ folgen würde, ein Widerspruch zu $\operatorname{col}(T) = t$.

Hieraus folgt $\operatorname{col}(G) = t \leq \delta(T) + 1 \leq \max_{H \subseteq G} \delta(H) + 1$.

Sei nun $H \subseteq G$ ein beliebiger Teilgraph von G. Bezüglich einer beliebigen Anordnung der Knoten von G besitzt der letzte Knoten von H stets mindestens $\delta(H)$ Nachbarn, die in der Reihenfolge vor ihm liegen (nämlich alle). Es folgt $\operatorname{col}(G) \geq \delta(H) + 1$, und, da H ein beliebiger Teilgraph von G ist, auch $\operatorname{col}(G) \geq \max_{H \subseteq G} \delta(H) + 1$. □

Die Aussage des Lemmas lässt sich nicht allgemein auf unendliche Graphen übertragen. Ordnet man etwa die Knoten des beidseitig unendlichen Weges $P_\infty \cong G(\mathbb{Z}, \{1\})$ in der Reihenfolge $0, 1, -1, 2, -2, \ldots$ an, so besitzt jeder Knoten höchstens einen vor ihm liegenden Nachbarn, woraus $\operatorname{col}(P_\infty) = 2$ folgt. Andererseits gilt $\max_{H \subseteq P_\infty} \delta(H) + 1 = \delta(P_\infty) + 1 = 3$.

Satz 3.17 (siehe etwa Jensen, Toft [44]). *Für endliche Graphen G gilt*

$$\chi(G) \leq \operatorname{col}(G).$$

Beweis. Diese Aussage folgt direkt aus Definition 3.15. Gilt $\operatorname{col}(G) = \xi$, dann existiert eine Wohlordnung von $V(G)$, so dass jeder Knoten v zu weniger als ξ vor v liegenden Knoten benachbart ist. Färbt man die Knoten entsprechend der Wohlordnung, dann sind in jedem Schritt weniger als ξ Nachbarn eines Knotens bereits gefärbt, so dass unter ξ Farben eine unbenutzte Farbe enthalten ist, mit der der Knoten gefärbt werden kann. □

Die Ungleichung $\chi(G) \leq \operatorname{col}(G)$ gilt für beliebige Graphen, was mittels transfiniter Induktion bewiesen werden kann (siehe etwa [40], S. 129).

Die Unterschied zwischen $\chi(G)$ und $\operatorname{col}(G)$ kann beliebig groß werden. Aus Lemma 3.16 folgt zum Beispiel, dass $\operatorname{col}(G) = r + 1$ für r-reguläre endliche Graphen gilt, etwa auch für vollständig bipartite Graphen $K_{r,r}$ mit $\chi(K_{r,r}) = 2$. Andererseits gilt etwa $\chi(K_{r+1}) = \operatorname{col}(K_{r+1}) = r + 1$.

Ein wichtiges Ergebnis über Färbungen unendlicher Graphen ist der folgende *Satz von de Bruijn und Erdős*, der einen Zusammenhang zwischen der chromatischen Zahl eines unendlichen Graphen und den chromatischen Zahlen seiner endlichen Teilgraphen herstellt.

Satz 3.18 (de Bruijn, Erdős 1951 [24]). *Sei $k \in \mathbb{N}$. Falls $\chi(H) \leq k$ für alle endlichen Teilgraphen H des Graphen G gilt, so ist $\chi(G) \leq k$.*

Für endliche Graphen G ist die Aussage trivialerweise erfüllt.

Dieser Satz impliziert, dass jeder unendliche Graph mit endlicher chromatischer Zahl einen endlichen Teilgraphen mit derselben chromatischen Zahl besitzt. Es reicht demnach aus, die endlichen Teilgraphen eines solchen Graphen zu betrachten, um die chromatische Zahl des Graphen zu bestimmen.

Der Originalbeweis dieses Satzes ist eine direkte Folgerung eines Satzes von Rado (Satz 4.23). In späteren Kapiteln wird dieser Beweis leicht abgewandelt, um analoge Aussagen für weitere chromatische Zahlen zu beweisen (siehe etwa Satz 4.24). Dies gelingt nicht für alle Parameter, zum Beispiel existiert keine analoge Aussage für die Färbungszahl unendlicher Graphen (siehe [34] für ein Gegenbeispiel). Weitere Beweise des Satzes von de Brujin und Erdős findet man in [27], S. 200f.

Definition 3.19. Ein Graph G heißt *r-degeneriert*, falls jeder Teilgraph H von G einen Knoten vom Grad höchstens r enthält, das heißt, falls $\delta(H) \leq r$ für alle $H \subseteq G$ gilt.

Nach dieser Definition und Lemma 3.16 gilt $\chi(G) \leq \operatorname{col}(G) = \max_{H \subseteq G} \delta(H) + 1 \leq r + 1$ für einen endlichen r-degenerierten Graphen G. Mit Hilfe des Satzes von de Bruijn und Erdős lässt sich dieses Ergebnis auf unendliche Graphen übertragen.

Lemma 3.20. *Falls G ein r-degenerierter Graph ist, $r \in \mathbb{N}_0$, so gilt $\chi(G) \leq r + 1$.*

Beweis. Mit G sind alle endlichen Teilgraphen $H \subseteq G$ ebenfalls r-degeneriert, und es folgt $\chi(H) \leq \operatorname{col}(H) \leq r + 1$ für jeden endlichen Teilgraphen $H \subseteq G$. Nach dem Satz von de Bruijn und Erdős (Satz 3.18) folgt die Behauptung. □

3.2 Chromatische Zahlen ganzzahliger Distanzgraphen

Die chromatische Zahl von ganzzahligen Distanzgraphen wurde zuerst von Eggleton, Erdős und Skilton [32] untersucht, die vom Hadwiger-Nelson-Problem motiviert wurden (siehe Einleitung). Seitdem sind viele Veröffentlichungen über dieses Thema erschienen (siehe z.B. [17, 26, 33, 52, 53, 54, 55, 56, 83, 84, 85, 91, 93, 94]), aber dennoch wurden nur Teilergebnisse hergeleitet, da für $|D| \geq 3$ die Bestimmung von $\chi(G(D))$ im Allgemeinen schwierig ist. In [33] wurde $\chi\big(G(\mathbb{P})\big) = 4$ bewiesen, wobei $\mathbb{P}$ die Menge aller Primzahlen ist. Weitere Ergebnisse über ganzzahlige Distanzgraphen mit Distanzmengen aus Primzahlen finden sich in [30, 33, 84]. Weitere untersuchte Distanzmengen sind unter anderem

Distanzmengen, die aus arithmetischen [52, 53] und geometrischen [19] Folgen bestehen, und Distanzmengen mit fehlenden Vielfachen [18, 25].

In diesem Abschnitt werden einige dieser Ergebnisse angegeben, die im weiteren Verlauf der Arbeit benötigt werden; auf eine umfassende Zusammenfassung der Literatur wird verzichtet.

Definition 3.21. Für die chromatische Zahl eines ganzzahligen Distanzgraphen $G(D)$ wird mitunter kurz $\chi(D)$ statt $\chi(G(D))$ geschrieben.

Beispiel 3.22. Der Distanzgraph $G(\{1\})$ bildet einen beidseitig unendlichen Weg P_∞ (siehe Abbildung 2.6). Färbt man die Knoten entlang des Weges abwechselnd mit 2 Farben, so erhält man eine 2-Färbung des Weges. Weil benachbarte Knoten verschieden gefärbt werden müssen, gilt $\chi(G(\{1\})) = 2$.

Im folgenden Satz von Walther [85], der von Chang, Chen und Huang [17] wiederentdeckt wurde, wird eine scharfe obere Schranke für die chromatische Zahl eines ganzzahligen Distanzgraphen $G(D)$ bewiesen, die die triviale obere Schranke $\chi(G(D)) \leq \Delta(G) + 1 = 2\,|D| + 1$ verbessert.

Satz 3.23 (Walther [85]; Chang, Chen, Huang [17])**.** *Für einen ganzzahligen Distanzgraphen $G(D)$ gilt $\chi(G(D)) \leq |D| + 1$.*

Beweis. Falls D eine leere oder unendliche Menge ist, so ist die Aussage trivialerweise erfüllt. Sei also $D = \{d_1, \ldots, d_r\}$ eine endliche Distanzmenge mit $d_1 < \cdots < d_r$, $r = |D|$.

Es wird schrittweise eine Färbung des Distanzgraphen $G(D)$ konstruiert, indem die Knoten in der Reihenfolge $0, 1, -1, 2, -2, \ldots$ gefärbt werden.

Jeder Knoten von $G(D)$ hat genau $|D|$ Nachbarn, die kleiner bzw. größer sind, also besitzt jeder Knoten höchstens $|D|$ bereits gefärbte Nachbarn, so dass höchstens $|D| + 1$ Farben nötig sind, um stets eine unbenutzte Farbe zur Färbung des Knotens zu finden. Induktiv erhält man eine zulässige Färbung von $G(D)$. □

Dieses Ergebnis folgt auch aus dem Satz von de Bruijn und Erdős (Satz 3.18), jedoch ohne Konstruktion einer Färbung des Graphen.

Zweiter Beweis von Satz 3.23. Sei D eine endliche Menge. Jeder endliche Teilgraph H von $G(D)$ ist $|D|$-degeneriert, da der kleinste Knoten von H höchstens $|D|$ Nachbarn in H besitzt. Nach Lemma 3.20 gilt $\chi(H) \leq |D| + 1$ für jeden endlichen Teilgraphen H von $G(D)$, und damit $\chi(G(D)) \leq |D| + 1$ nach dem Satz von de Bruijn und Erdős (Satz 3.18). □

Die obere Schranke aus Satz 3.23 wird etwa für $D = \{1, 2, \ldots, n\}$ angenommen [32], da $n+1$ aufeinanderfolgende Knoten einen vollständigen Graphen K_{n+1} in $G(D)$ induzieren, zu dessen Färbung $n+1$ Farben nötig sind. Andererseits ist die Schranke $|D|+1$ beliebig schlecht, da für Distanzgraphen zu Distanzmengen D mit ausschließlich ungeraden Zahlen stets $\chi(G(D)) = 2$ gilt (siehe [32]), unabhängig von der Mächtigkeit der Distanzmenge. Eine zulässige Färbung erhält man, wenn alle geraden und alle ungeraden Knoten mit je einer Farbe gefärbt werden. Dies sind auch die einzigen ganzzahligen Distanzgraphen mit chromatischer Zahl 2, falls $\operatorname{ggT}(D) = 1$ gilt, da Distanzelemente verschiedener Parität ungerade Kreise in $G(D)$ erzeugen, die Distanzgraphen sind also nicht bipartit.

Bei der Bestimmung der chromatischen Zahl $\chi(G(D))$ müssen nach Lemma 3.5 nur zusammenhängende Graphen betrachtet werden, weshalb im Folgenden ohne Beschränkung der Allgemeinheit $\operatorname{ggT}(D) = 1$ vorausgesetzt werden kann (siehe Satz 2.18).

Eggleton, Erdős und Skilton [32] untersuchten unter anderem ganzzahlige Distanzgraphen zu Distanzmengen kleiner Mächtigkeit und bestimmten die chromatische Zahl aller ganzzahligen Distanzgraphen $G(D)$ mit $|D| \leq 2$. Diese Ergebnisse werden im folgenden Satz zusammengefasst.

Satz 3.24 (Eggleton, Erdős, Skilton [32]). *Für ganzzahlige Distanzgraphen $G(D)$ gilt*

$$\chi(G(D)) = \begin{cases} 1 & \textit{falls } |D| = 0, \\ 2 & \textit{falls } |D| = 1, \\ 2 & \textit{falls } |D| = 2, D = \{x, y\} \textit{ mit } x \equiv y \equiv 1 \pmod 2, \\ 3 & \textit{falls } |D| = 2, D = \{x, y\} \textit{ mit } x \not\equiv y \pmod 2. \end{cases}$$

Für $D = \{x, y\}$ braucht der Fall x und y gerade nicht betrachtet zu werden, da $\operatorname{ggT}(D) \neq 1$ gilt; er kann nach Satz 2.18 auf einen der beiden anderen Fälle zurückgeführt werden.

Voigt untersuchte in ihrer Dissertation [81] unter anderem ganzzahlige Distanzgraphen zu dreielementigen Distanzmengen, die einen K_3 enthalten. Damit müssen die entsprechenden Distanzmengen zwei nicht notwendigerweise verschiedene Elemente und deren Summe enthalten. Dies führt auf folgende Fälle:

Satz 3.25 (Voigt [81]). *Es sei* $\operatorname{ggT}(D) = 1$.

Für $D = \{x, y, x+y\}$ gilt $\chi(G(D)) = \begin{cases} 4 & \textit{falls } x \not\equiv y \pmod 3, \\ 3 & \textit{sonst.} \end{cases}$

Für $D = \{1, 2, y\}$ gilt $\chi(G(D)) = \begin{cases} 4 & \textit{falls } 3 \mid y, \\ 3 & \textit{sonst.} \end{cases}$

Für $D = \{x, 2x, y\}$ mit $x > 1$ gilt $\chi(G(D)) = 3$.

Voigt äußerte die Vermutung, dass hier alle Distanzgraphen zu dreielementigen Distanzmengen enthalten sind, für die die chromatische Zahl die Schranke $|D| + 1 = 4$ annimmt. Diese Frage wurde in mehreren Arbeiten untersucht (siehe etwa [17, 26, 32, 83, 92]), in denen Teilergebnisse hergeleitet wurden. Letztendlich konnte diese Vermutung durch Zhu bewiesen werden, der zeigte, dass in den noch offenen Fällen die chromatische Zahl ganzzahliger Distanzgraphen zu dreielementigen Distanzmengen stets 3 beträgt.

Satz 3.26 (Zhu [91]). *Für $D = \{x, y, z\}$ mit $x < y < z$, $\operatorname{ggT}(x, y, z) = 1$ gilt*

$$\chi(G(D)) = \begin{cases} 2 & \textit{für } x, y, z \textit{ ungerade}, \\ 4 & \textit{für } x = 1,\ y = 2,\ z = 3n, \\ 4 & \textit{für } z = x + y,\ x \not\equiv y \pmod 3, \\ 3 & \textit{in allen übrigen Fällen.} \end{cases}$$

Für $|D| \geq 4$ ist keine vollständige Charakterisierung der chromatischen Zahl ganzzahliger Distanzgraphen $G(D)$ bekannt. Im Folgenden werden einige Teilergebnisse zusammengetragen.

Kemnitz und Kolberg [52] erweiterten ein Ergebnis von Eggleton, Erdős und Skilton [32]:

Satz 3.27 (Kemnitz, Kolberg [52]). *Für $D = \{1, 2, \ldots, n, y\}$ gilt*

$$\chi(G(D)) = \begin{cases} n+2 = |D|+1 & \textit{falls } (n+1) \mid y, \\ n+1 = |D| & \textit{in den sonstigen Fällen.} \end{cases}$$

Im folgenden Satz wird $\chi(G(D))$ für Distanzmengen $D = \{x, 2x, \ldots, nx, y\}$ mit $x > 1$ und $n \geq 2$ bestimmt, wobei o.B.d.A. $\mathrm{ggT}(x, y) = 1$ vorausgesetzt wird. Dies verallgemeinert ein Ergebnis von Voigt für dreielementige Distanzmengen (siehe Satz 3.25). Zum Beweis werden folgende Begriffe eingeführt.

Definition 3.28. Eine Färbung f eines ganzzahligen Distanzgraphen $G(\mathbb{Z}, D)$ heißt *periodisch mit Periode n* oder kurz *n-periodisch*, falls $f(v) = f(v+n)$ für alle $v \in \mathbb{Z}$ gilt.

Sei $t \in \mathbb{Z}$, $T \subseteq \mathbb{Z}$. Eine Färbung der Knoten von $\mathbb{Z}$ heißt *t-zulässig*, falls $f(v) \neq f(v+t)$ für alle $v \in \mathbb{Z}$ gilt, und *T-zulässig*, falls sie t-zulässig für jedes $t \in T$ ist.

Mit $A_m = c_1 \ldots c_m$ werden die Farben eines Abschnitts aus m aufeinanderfolgenden Knoten angegeben.

Mit $P_n = c_1 \ldots c_n$ werden die n Farben einer Periode einer n-periodischen Färbung angegeben, wobei diese Farben bis auf zyklische Vertauschungen eindeutig sind. Diese Notation sollte nicht mit der gleichen Notation für Wege der Ordnung n verwechselt werden.

Satz 3.29 (Marangio [60]; Kemnitz, Marangio [54]). *Sei $D = \{x, 2x, \ldots, nx, y\}$, $n \geq 2$, $x > 1$ und $\mathrm{ggT}(x, y) = 1$. Dann gilt $\chi(G(D)) = |D| = n + 1$.*

Beweis. Aus $D \supset \{x, 2x, \ldots, nx\}$ und Lemma 3.3 folgt $\chi(G(D)) \geq \chi(G(\{x, 2x, \ldots, nx\}))$ $= \chi(G(\{1, 2, \ldots, n\})) = n + 1$ nach Lemma 2.17, Lemma 3.5 und Satz 3.27.

Um zu zeigen, dass $\chi(G(D)) \leq n + 1 = |D|$ gilt, werden im Folgenden D-zulässige $(n+1)x$-periodische Färbungen mit den Farben $0, 1, \ldots, n$ konstruiert.

Aus den Voraussetzungen folgt $y \not\equiv 0 \pmod{(n+1)x}$, so dass $(n+1)x$ als Periodenlänge einer periodischen Färbung gewählt werden kann. Da nur $(n+1)x$-periodische Färbungen betrachtet werden, kann ohne Beschränkung der Allgemeinheit y modulo $(n+1)x$ reduziert werden, das heißt, es kann $0 < y < (n+1)x$ vorausgesetzt werden.

Mit $(c)^x$ werde die x-malige Wiederholung der Farbe c bezeichnet. Die $(n+1)x$-periodische Färbung

$$P_{(n+1)x} = (0)^x(1)^x \ldots (n)^x = \underbrace{0\ldots0}_{x\text{-mal}}\underbrace{1\ldots1}_{x\text{-mal}}\cdots\underbrace{n\ldots n}_{x\text{-mal}},$$

ist d-zulässig für alle d mit $x \leq d \leq nx$, denn gleichgefärbte Knoten haben entweder einen Abstand kleiner als x (innerhalb eines Färbungsabschnitts der Länge x) oder einen Abstand größer als nx. Speziell ist diese Färbung auch $\{x, 2x, \ldots, nx\}$-zulässig sowie y-zulässig für alle y mit $x \leq y \leq nx$, so dass für diese Werte $\chi(G(D)) \leq n + 1 = |D|$ folgt.

Es bleiben somit die Fälle mit $0 < y < x$ sowie $nx < y < (n+1)x$ übrig. Da jede $(n+1)x$-periodische y-zulässige Färbung mit $0 < y < x$ auch zulässig für $y' = (n+1)x - y$ ist, wobei $nx < y' < (n+1)x$ gilt, muss nur der Fall $0 < y < x$ betrachtet werden.

Sei $x = qy + r$ mit $q \in \mathbb{N}$, $r \in \mathbb{N}_0$ und $0 \leq r < y$. Färbungsabschnitte $A_x^{(c,c+2)}(y)$ der Länge x werden aus Teilabschnitte der Länge y sowie für $r > 0$ aus einen letzten Abschnitt der Länge r zusammengesetzt, die abwechselnd mit zwei Farben $c, c+2$ gefärbt werden, wobei die Farben modulo $n+1$ berechnet werden:

$$A_x^{(c,c+2)}(y) = \begin{cases} (c)^y(c+2)^y \dots (c)^y(c+2)^y(c)^r & \text{für } q \text{ gerade,} \\ (c)^y(c+2)^y \dots (c+2)^y(c)^y(c+2)^r & \text{für } q \text{ ungerade.} \end{cases}$$

Eine $(n+1)x$-periodische Färbung von $G(D)$ wird durch Zusammensetzen von $n+1$ dieser Abschnitte $A_x^{(c,c+2)}(y)$ der Länge x konstruiert:

$$P_{(n+1)x}(y) = A_x^{(0,2)}(y)A_x^{(1,3)}(y)\dots A_x^{(c,c+2)}(y)\dots A_x^{(n-1,0)}(y)A_x^{(n,1)}(y).$$

Diese Färbung ist $\{x, 2x, \dots, nx\}$-zulässig, weil die Knoten $v, v+x, \dots, v+nx$ für jedes $v \in \mathbb{Z}$ paarweise verschieden gefärbt sind. Die y-Zulässigkeit für $0 < y < x$ folgt, weil gleichgefärbte Knoten innerhalb eines Abschnitts $A_x^{(c,c+2)}(y)$ einen Abstand ungleich y zueinander haben und weil der Abstand gleichgefärbter Knoten aus verschiedenen Abschnitten größer als y ist, da $n \geq 2$. □

Beispiel 3.30. Für die Distanzmenge $D = \{2,3,6,9\} = \{x, 2x, \dots, nx, y\}$ mit $y = 2$, $x = 3$, $n = 3$ gilt $\chi(G(D)) = 4$ nach Satz 3.29. Die im Beweis des Satzes benutzten Abschnitte sind $A_3^{(0,2)}(2) = 002$, $A_3^{(1,3)}(2) = 113$, $A_3^{(2,0)}(2) = 220$, $A_3^{(3,1)}(2) = 331$, die zusammen $P_{12}(2) = 002113220331$ ergeben. Hieraus erhält man etwa die Färbung $f : \mathbb{Z} \to \{0,1,2,3\}$ mit

$$f(v) = \begin{cases} 0 & \text{falls } v \equiv 0,1,8 \pmod{12}, \\ 1 & \text{falls } v \equiv 3,4,11 \pmod{12}, \\ 2 & \text{falls } v \equiv 2,6,7 \pmod{12}, \\ 3 & \text{falls } v \equiv 5,9,10 \pmod{12}. \end{cases}$$

Zum Beweis des nächsten Satzes werden weitere obere Schranken hergeleitet.

Lemma 3.31. *Falls $D = D_1 \cup D_2 \cup \dots \cup D_r$, $r \in \mathbb{N}$, so gilt $\chi(G(D)) \leq \chi(G(D_1)) \cdot \ldots \cdot \chi(G(D_r))$.*

Beweis. Direkte Folgerung aus $G(D) = G(D_1) \cup G(D_2) \cup \dots \cup G(D_r)$ (nichtdisjunkt) und Lemma 3.6. □

Wegen der Multiplikation wird die hier bestimmte obere Schranke bei einer willkürlichen Zerlegung der Distanzmenge im Allgemeinen keine gute Abschätzung für die chromatische Zahl liefern. In einigen Fällen, abhängig von einer gut gewählten Zerlegung, wird die auf diese Weise herleitbare obere Schranke jedoch von der chromatischen Zahl angenommen.

Lemma 3.31 kann zum Beweis des folgenden Ergebnisses von Voigt [81] benutzt werden.

Lemma 3.32 (Voigt [81]). *Es sei $D^n = \{d \in D : n \mid d\}$. Dann gilt*

$$\chi(G(D)) \leq \min_{n \in \mathbb{N}} \left(n \cdot (|D^n| + 1)\right).$$

Beweis. Für jedes $n \in \mathbb{N}$ wird die Distanzmenge D in zwei Teilmengen eingeteilt: Die durch n teilbaren Abstände D^n sowie die nicht durch n teilbaren Abstände $D \setminus D^n$. Es gilt $\chi(G(D^n)) \leq |D^n| + 1$ nach Satz 3.23 sowie $\chi(G(D \setminus D^n)) \leq n$, da alle Knoten einer jeden Restklasse modulo n gleichgefärbt werden können.

Aus Lemma 3.31 folgt $\chi(G(D)) \leq \chi(G(D \setminus D^n))\chi(G(D^n)) \leq n \cdot (|D^n| + 1)$, und damit auch die Behauptung, da $n \in \mathbb{N}$ beliebig gewählt werden kann. □

Für $n = 1$ ergibt sich die Schranke $\chi(G(D)) \leq |D| + 1$ aus Satz 3.23, da $D^1 = D$ gilt.

Im nächsten Satz wird $\chi(G(D))$ für alle vierelementigen Distanzmengen $D = \{x, y, x + y, y - x\}$ bestimmt, die aus zwei Elementen x, y mit $x < y$ und deren Summe und Differenz bestehen. Wegen $\mathrm{ggT}(D) = \mathrm{ggT}(x, y)$ kann nach Satz 2.18 o.B.d.A. $\mathrm{ggT}(x, y) = 1$ vorausgesetz werden. Um die dreielementige Distanzmenge $D = \{1, 2, 3\}$ auszuschließen, sollte auch $(x, y) \neq (1, 2)$ vorausgesetzt werden. Dieser Satz erweitert ein Ergebnis von Kemnitz und Kolberg [52].

Satz 3.33 (Marangio [60]; Kemnitz, Marangio [53]). *Sei* $D = \{x, y, x + y, y - x\} \subseteq \mathbb{N}$ *mit* $x < y$, $\mathrm{ggT}(x, y) = 1$, $(x, y) \neq (1, 2)$. *Dann gilt*

$$\chi(G(D)) = \begin{cases} 5 & \text{falls } x \equiv y \equiv 1 \pmod 2, \\ 4 & \text{falls } x \not\equiv y \pmod 2. \end{cases}$$

Beweis. Man betrachte die Knotenmenge $V_z = \{z, z + x, z + y, z + x + y\} \subseteq \mathbb{Z}$ für ein beliebiges $z \in \mathbb{Z}$. Der durch V_z induzierte Teilgraph von $G(D)$ ist isomorph zum vollständigen Graphen der Ordnung 4, $\langle V_z \rangle \cong K_4$, da alle Abstände, die zwischen den Knoten von V_z auftreten, in D enthalten sind (siehe Abbildung 3.2). Aus Lemma 3.3 folgt $\chi(G(D)) \geq \chi(K_4) = 4$.

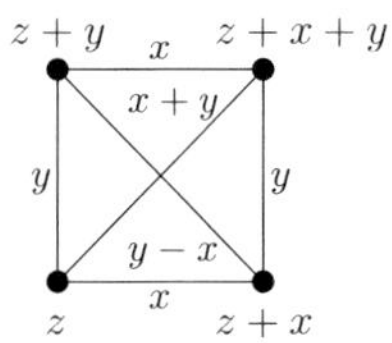

Abbildung 3.2: Von $V_z = \{z, z + x, z + y, z + x + y\}$ induzierter Teilgraph von $G(D)$

Falls x und y verschiedene Parität besitzen, so sind $x + y$ und $y - x$ ungerade, das heißt, es gibt genau ein gerades Element in D. Aus Lemma 3.32 mit $n = 2$ folgt, dass $\chi(G(D)) \leq 4$ gilt, und mit obiger unterer Schranke ist $\chi(G(D)) = 4$.

Seien nun x und y ungerade. Man nehme an, dass es eine zulässige 4-Färbung f von $G(D)$ gibt.

Man betrachte die Teilgraphen $\langle V_z \rangle$ und $\langle V_{z+x} \rangle$ von $G(D)$, die wie oben angemerkt zu K_4 isomorph sind, das heißt, es werden vier Farben benötigt, um jedes dieser Teilgraphen zu färben (siehe Abbildung 3.3).

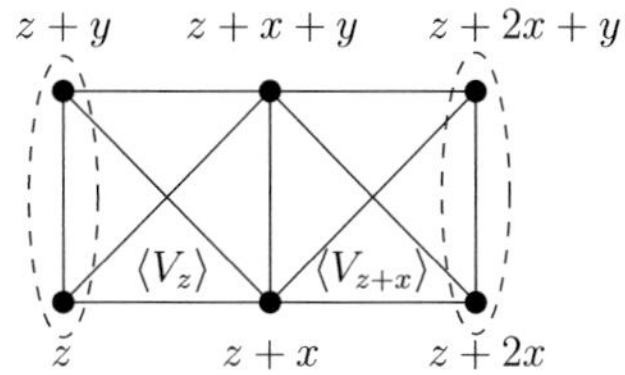

Abbildung 3.3: Von $\langle V_z \rangle$ und $\langle V_{z+x} \rangle$ induzierte Teilgraphen von $G(D)$

Weil $z+x$ und $z+x+y$ gemeinsame Knoten von $\langle V_z \rangle$ und $\langle V_{z+x} \rangle$ sind, muss $\{f(z), f(z+y)\} = \{f(z+2x), f(z+2x+y)\}$ für die vier übrigen Knoten der zwei Teilgraphen gelten. Ersetzt man z durch $z+(t-2)x$, $t \in \mathbb{Z}$, so erhält man $\{f(z+tx), f(z+tx+y)\} = \{f(z+(t-2)x), f(z+(t-2)x+y)\}$ und hieraus

$$\{f(z+tx), f(z+tx+y)\} = \begin{cases} \{f(z), f(z+y)\} & \text{falls } t \text{ gerade,} \\ \{f(z+x), f(z+x+y)\} & \text{falls } t \text{ ungerade.} \end{cases} \tag{3.1}$$

Durch Betrachten der Teilgraphen $\langle V_z \rangle$ und $\langle V_{z+y} \rangle$ von $G(D)$ kann auf analoger Weise (durch formale Substitution von x und y) gefolgert werden:

$$\{f(z+ty), f(z+x+ty)\} = \begin{cases} \{f(z), f(z+x)\} & \text{falls } t \text{ gerade,} \\ \{f(z+y), f(z+x+y)\} & \text{falls } t \text{ ungerade.} \end{cases} \tag{3.2}$$

Einsetzen von $t = y$ in (3.1) bzw. $t = x$ in (3.2) ergibt $f(z+xy) \in \{f(z+x), f(z+x+y)\}$ bzw. $f(z+xy) \in \{f(z+y), f(z+x+y)\}$, da x und y ungerade sind. Weil die Knoten $z+x$, $z+y$, $z+x+y$ paarweise benachbart und deshalb paarweise verschieden gefärbt sind, ist $f(z+xy) = f(z+x+y)$ (siehe Abbildung 3.4).

Durch formales Ersetzen von z durch $z-x$ in (3.1) und in (3.2) (man beachte, dass z eine beliebige ganze Zahl ist), erhält man

$$\{f(z+(t-1)x), f(z+(t-1)x+y) = \begin{cases} \{f(z-x), f(z-x+y)\} & \text{falls } t \text{ gerade,} \\ \{f(z), f(z+y)\} & \text{falls } t \text{ ungerade,} \end{cases} \tag{3.3}$$

sowie

$$\{f(z-x+ty), f(z+ty)\} = \begin{cases} \{f(z-x), f(z)\} & \text{falls } t \text{ gerade,} \\ \{f(z-x+y), f(z+y)\} & \text{falls } t \text{ ungerade.} \end{cases} \tag{3.4}$$

Durch Einsetzen von $t-1 = y$ in (3.3) erhält man $f(z+xy) \in \{f(z-x), f(z-x+y)\}$, da $t = y+1$ gerade ist, und durch Einsetzen von $t = x$ in (3.4), dass $f(z+xy) \in \{f(z-x+y), f(z+y)\}$ gilt, da $t = x$ ungerade ist. Wiederum sind $z-x$, $z-x+y$, $z+y$ paarweise verschieden gefärbt, so dass $f(z+xy) = f(z-x+y)$ folgt.

Insgesamt erhält man

$$f(z+xy) = f(z+x+y) = f(z-x+y) \text{ für alle } z \in \mathbb{Z}. \tag{3.5}$$

Eine Substitution $z' = z-x+y$ liefert, dass $f(z'+2x) = f(z')$ für alle $z' \in \mathbb{Z}$ ist, womit f eine $2x$-periodische Färbung ist. Damit gilt speziell $f(xy) = f(x)$, da y ungerade ist. Setzt man andererseits $z = 0$ in (3.5) ein, so erhält man $f(xy) = f(x + y)$, also $f(x) = f(x+y)$. Dies ist ein Widerspruch zur Annahme, da x und $x+y$ benachbart sind. Hieraus folgt $\chi(G(D)) \geq 5$.

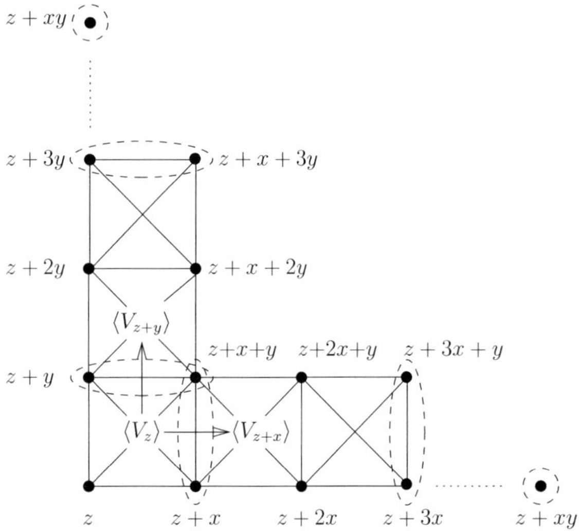

Abbildung 3.4: $f(z + xy) = f(z + x + y)$ in $G(D)$

Andererseits ist $\chi(G(D)) \leq 5$ nach Satz 3.23, also gilt $\chi(G(D)) = 5$. □

3.2.1 Zur Cliquenzahl von ganzzahligen Distanzgraphen

Es stellt sich die Frage, für welche ganzzahlige Distanzgraphen $G(D)$ die chromatische Zahl maximal ist, das heißt, wann $\chi(G(D)) = |D| + 1$ gilt. Dies gilt zum Beispiel für $|D| \leq 1$ sowie für $|D| = 2$ genau dann, wenn D zwei Elemente verschiedener Parität enthält (siehe Satz 3.24). Für $|D| = 3$ mit $\mathrm{ggT}(D) = 1$ gilt $\chi(G(D)) = 4$ genau dann, wenn $D = \{1, 2, 3n\}$ oder $D = \{x, y, x + y\}$ mit $x \not\equiv y \pmod 3$ gilt (siehe Satz 3.26). Für diese Distanzgraphen $G(D)$ ist die Cliquenzahl $\omega(G(D))$ mindestens so groß wie $|D|$.

Zhu äußerte nach der Untersuchung dreielementiger Distanzmengen die Vermutung, dass diese Bedingung $\omega(G(D)) \geq |D|$ notwendig ist, damit ganzzahlige Distanzgraphen $G(D)$ die maximale chromatische Zahl besitzen.

Vermutung 3.34 (Zhu [91]). *Falls $\chi(G(D)) = |D| + 1$ gilt, so gilt $\omega(G(D)) \geq |D|$.*

Diese Vermutung ist jedoch nur in einem Manuskript enthalten und fehlt in späteren Versionen der Arbeit, in denen nur eine schwächere Vermutung enthalten ist.

Vermutung 3.35 (Zhu [91]). *Falls $\chi(G(D)) = |D| + 1$ gilt, so gilt $\omega(G(D)) \geq 3$.*

Vermutung 3.34 wurde von Soták widerlegt [75], der eine Klasse von Gegenbeispielen mit Cliquenzahl $|D| - 1$ und chromatischer Zahl $|D| + 1$ konstruierte. Er bewies, dass $\chi(G(D)) = |D| + 1$ für $D = \{1, 4, 5, 6, 7\}$ und für $D = \{1, 2, \ldots, 2k - 1, 2k + 1, 4k\}$ mit $k \geq 2$ gilt, und ergänzte die Vermutung folgendermaßen:

Vermutung 3.36 (Soták [75]). *Falls* $\chi(G(D)) = |D| + 1$ *und* $\mathrm{ggT}(D) = 1$ *gilt, so gilt* $D = \{1, 4, 5, 6, 7\}$, $D = \{1, 2, \ldots, 2k-1, 2k+1, 4k\}$ *mit* $k \geq 2$ *oder* $\omega(G(D)) \geq |D|$.

Für $|D| = 4$ mit $\mathrm{ggT}(D) = 1$ gilt $\chi(G(D)) = 5$, falls $D = D_1 = \{x, y, x+y, |y-x|\}$ mit $x \equiv y \equiv 1 \pmod 2$ (Satz 3.33) oder $D = D_2 = \{1, 2, 3, 4n\}$ gilt (Satz 3.27), wobei die hier betrachteten Distanzgraphen Cliquenzahl $\omega(G(D)) \geq |D|$ besitzen. In [54] wurde die Vermutung geäußert, dass dies die einzigen 4-elementigen Distanzmengen D mit $\chi(G(D)) = 5$ sind, dass also Vermutung 3.34 für $|D| = 4$ gilt. Dies wird durch die Untersuchung in [75] unterstützt, in der für alle 4-elementigen Distanzmengen D mit $\max D \leq 2000$, $D \neq D_1$ und $D \neq D_2$, berechnet wurde, dass $\chi(G(D)) \leq 4$ gilt. Diese Vermutung wurde schließlich durch Barajas und Serra [4] bewiesen.

Es stellt sich die Frage, ob es außer den bisher aufgeführten ganzzahligen Distanzgraphen $G(D)$ weitere mit Cliquenzahl mindestens $|D|$ gibt. Der folgende Satz charakterisiert ganzzahlige Distanzgraphen mit Cliquenzahl $\omega(G(D)) = |D|+1$ oder $\omega(G(D)) = |D|$ und erweitert ein Ergebnis aus [54].

Eine triviale obere Schranke für die Cliquenzahl ganzzahliger Distanzgraphen ist:

Lemma 3.37. $\omega(G(D)) \leq |D| + 1$.

Beweis. Der kleinste Knoten in einer Clique ist zu höchstens $|D|$ größeren Knoten benachbart. □

Satz 3.38 (Kemnitz, Marangio [54]). *Sei* $G(D)$ *ein ganzzahliger Distanzgraph mit* $D \subseteq \mathbb{N}$.

Für $|D| \leq 1$ *und für* $D = \{x, 2x, \ldots, (n+1)x\}$ *gilt* $\omega(G(D)) = |D| + 1$.

Sei $D_1 = \{x, y, x+y\}$, $D_2 = \{x, y, x+y, |y-x|\}$, $D_3 = \{x, 2x, \ldots, nx, y\}$, $x \neq y$. *Für* $D = D_1$ *mit* $x < y \neq 2x$, *für* $D = D_2$ *mit* $x < y \neq 2x, 3x$ *und für* $D = D_3$ *mit* $y \notin \{x, 2x, \ldots, (n+1)x\}$, $x < y$ *falls* $n = 1$, *gilt* $\omega(G(D)) = |D|$.

Für die übrigen Distanzmengen D *mit* $|D| \geq 3$ *gilt stets* $\omega(G(D)) < |D|$.

Beweis. Einige der Teilaussagen wurden in den Beweisen zur Bestimmung der entsprechenden chromatischen Zahlen benutzt, werden hier der Vollständigkeit halber wiederholt.

Falls $|D| = 0$ gilt, so besteht der Distanzgraph $G(\emptyset)$ aus isolierten Knoten, und falls $|D| = 1$ gilt, so besteht $G(\{x\})$ aus x beidseitig unendlichen Wegen; in $G(\{x, 2x, \ldots, (n+1)x\})$ induzieren $n+2$ aufeinanderfolgende Vielfache von x einen K_{n+2}, zum Beispiel $\langle\{0, x, \ldots, (n+1)x\}\rangle \cong K_{n+2} \subseteq G(D)$. Also gilt in allen drei Fällen $\omega(G(D)) \geq |D| + 1$, und nach Lemma 3.37 folgt sogar $\omega(G(D)) = |D| + 1$.

Falls $D = D_1$ mit o.B.d.A. $x < y$, so ist $\langle\{0, x, x+y\}\rangle \cong K_3 \subseteq G(D)$. Der Graph K_4, etwa $\langle\{0, x, y, x+y\}\rangle$, ist genau dann in $G(D)$ enthalten, wenn $y - x \in D$, das heißt, wenn $y = 2x$ gilt, was auf den oben betrachteten Fall $D = \{x, 2x, 3x\}$ führt. Damit erhält man $\omega(G(D)) = |D|$ für $D = D_1$ mit $x < y \neq 2x$.

Falls $D = D_2$ mit o.B.d.A. $x < y \neq 2x$ ($y = 2x$ führt wieder zu $D = \{x, 2x, 3x\}$), so ist $\langle\{0, x, y, x+y\}\rangle \cong K_4 \subseteq G(D)$. Der Graph K_5, etwa $\langle\{0, x, y-x, y, x+y\}\rangle$, ist genau dann in $G(D)$ enthalten, wenn $|x+y-(y-x)| = 2x \in D$ und $|x-(y-x)| = |2x-y| \in D$, das heißt, wenn $y = 3x$ gilt, was auf den oben betrachteten Fall $D = \{x, 2x, 3x, 4x\}$ führt. Es folgt $\omega(G(D)) = |D|$ für $D = D_2$ mit $x < y \neq 2x, 3x$.

Falls $D = D_3$ mit o.B.d.A. $y \notin \{x, 2x, \ldots, nx\}$ (diese Fälle wurden bereits betrachtet), so ist $\langle\{0, x, \ldots, nx\}\rangle \cong K_{n+1} \subseteq G(D)$. Ein K_{n+2} ist genau dann in $G(D)$ enthalten, wenn alle Abstände zwischen den Knoten y und $x, \dots, nx$ in D enthalten sind, also genau dann, wenn $x = 2y$ für $n = 1$ oder wenn $y = (n+1)x$ ist, was auf $D = \{y, 2y\}$ bzw. $D = \{x, 2x \dots, (n+1)x\}$ führt, die bereits untersucht wurden. In den restlichen Fällen gilt also $\omega(G(D)) = |D|$.

Sei nun $\omega(G(D)) \geq |D|$, $|D| \geq 3$.

Man betrachte eine Clique $K_t \subseteq G(D)$ mit Knotenmenge $V(K_t) = \{v_1, v_2, \dots, v_t\}$, $v_1 < v_2 < \dots < v_t$. Zwischen Knoten aus K_t treten die Abstände $v_i - v_j$, $i > j$, auf, woraus $v_i - v_j \in D$ für $i > j$ folgt. Setzt man $d_i = v_{i+1} - v_i$, $i = 1, \dots, t-1$, so lassen sich die auftretenden Abstände als Summen der Art $v_i - v_j = d_j + d_{j+1} + \dots + d_{i-1}$, $i > j$, darstellen. Die (nicht notwendigerweise verschiedenen) Abstände $d_1, d_2, \dots, d_{t-1}$ werden *Grundabstände* der Clique genannt und als Tupel $T(K_t) = (d_1, d_2, \dots, d_{t-1})$ aufgeschrieben.

Gibt es s paarweise verschiedene Grundabstände in K_t, etwa $d_{i_1} < d_{i_2} < \dots < d_{i_s}$, so treten in K_t mindestens $s+t-2$ verschiedene Abstände auf, nämlich $d_{i_1} < d_{i_2} < \dots < d_{i_s} < d_{i_s} + d_{i_s+1} < \dots < d_{i_s} + d_{i_s+1} + \dots + d_{t-1} < d_{i_s-1} + d_{i_s} + d_{i_s+1} + \dots + d_{t-1} < d_1 + d_2 + \dots + d_{t-1}$.

Sei im Folgenden K_t eine maximale Clique in $G(D)$ mit s paarweise verschiedenen Grundabständen. Aus $s + t - 2 \leq |D| \leq \omega(G(D)) = t$ folgt $s \leq 2$.

Für $s = 1$ gibt es einen Grundabstand x in K_t, es treten also die Abstände $x, 2x, \dots, (t-1)x$ zwischen Knoten aus K_t auf. Weil $|D| \leq t = \omega(G(D))$ gilt, ist D von der Form D_3.

Im Folgenden sei $s = 2$, es gibt also zwei Grundabstände x und y in K_t, $x \neq y$, und damit $t \geq 3$ Knoten.

Falls $t = 3$, so ist $T(K_3) = (x, y)$, woraus $D = \{x, y, x+y\} = D_1$ folgt.

Falls $t = 4$, so ist $T(K_4) = (x, x, y)$ oder (x, y, x) oder (y, x, x), da einer der Grundabstände, etwa o.B.d.A. x, zweimal auftritt. Falls $T(K_4) = (x, x, y)$ oder (y, x, x), so treten die Abstände $x, y, 2x, x+y, 2x+y$ in K_t auf. Aus $|D| \leq 4$ folgt $y = 2x$, also $D = \{x, 2x, 3x, 4x\}$, womit D von der Form D_3 ist. Falls $T(K_4) = (x, y, x)$, so erhält man $D = \{x, y, x+y, 2x+y\} = \{x, y'-x, y', x+y'\}$ nach Substitution $y' = x+y$, also ist D von der Form D_2.

Sei nun $t \geq 5$ und o.B.d.A $x < y$. Falls der Grundabstand y nur einmal auftaucht, $T(K_t) = (x, \dots, x, y, x, \dots, x)$, so treten zumindest die Abstände $x, 2x, y, x+y, \dots, (t-2)x + y$ auf, woraus $y = 2x$ folgt, da $|D| \leq t$. Damit ist D von der Form D_3. Falls y zweimal vorkommt und $T(K_t) = (y, x, \dots, x, y)$, so folgt analog $y = 2x$, und $D = \{x, 2x, \dots, (t-1)x, (t+1)x\}$ ist ebenfalls von der Form D_3.

Falls zwei aufeinanderfolgende Grundabstände gleich y sind, $T(K_t) = (\dots, y, y, \dots)$, so muss D mindestens $t+1$ Elemente $x, x+y, y, 2y, \dots$ enthalten, was der Voraussetzung $|D| \leq t$ widerspricht.

Im noch zu betrachtenden Fall besitzt $T(K_t)$ eine Teilfolge $T(K_{r+4}) = (y, x, \dots, x, y, x)$ oder $(x, y, x, \dots, x, y)$, wobei die Anzahl der Grundabstände x zwischen beiden y mindestens 1 ist.

Man beachte, dass in $K_{r+4} \subseteq K_t$ höchstens $r+4$ Abstände auftreten dürfen, da $|D| \leq t$, K_{r+4} aus aufeinanderfolgenden Knoten von K_t induziert wird, und durch sukzessives Entfernen des größten bzw. kleinsten Knoten einer Clique auch der größte Abstand nicht mehr auftritt.

Falls $r = 1$, so erzwingt $T(K_5) = (y, x, y, x)$ oder (x, y, x, y), dass die 6 paarweise verschiedene Abstände $x, y, x+y, 2x+y, x+2y, 2x+2y$ in K_5 auftreten, obwohl nur 5 erlaubt sind. Falls $r \geq 2$, so ist $y = 2x$ und es treten wieder mehr als $r+4$ Abstände in K_{r+4} auf, nämlich $x, 2x, \dots, (r+5)x$, was zu einem Widerspruch führt. □

Hieraus folgt, dass genau dann $\omega(G(D)) \geq |D|$ gilt, wenn $|D| \leq 1$ oder $D = D_i$ mit $1 \leq i \leq 3$ gilt.

3.2.2 Zusammenhang mit zirkulanten Graphen

Weil die Bestimmung der chromatischen Zahl eines ganzzahligen Distanzgraphen $G(D)$ im Allgemeinen schwierig ist, ist man an oberen Schranken für $\chi(G(D))$ interessiert.

Nach Lemma 3.31 gilt $\chi(G(D)) \leq \chi(G(D_1))\chi(G(D_2))\ldots\chi(G(D_r))$ falls $D = D_1 \cup D_2 \cup \ldots \cup D_r$, $r \in \mathbb{N}$, und nach Lemma 3.32 gilt $\chi(G(D)) \leq \chi(G(D \setminus D^n))\chi(G(D^n)) \leq n \cdot (|D^n| + 1)$ für $D^n = \{d \in D : n|d\}$, $n \in \mathbb{N}$.

Falls in der Abschätzung aus Lemma 3.32 große Unterschiede zwischen den chromatischen Zahlen $\chi(G(D \setminus D^n))$ bzw. $\chi(G(D^n))$ und den benutzten Schranken n bzw. $|D^n|+1$ auftreten, so stellt sich die Frage, ob diese Schranken in Spezialfällen verbessert werden können.

Ein möglicher Ansatz ist die weitere Untersuchung von $G(D \setminus D^n)$, um eine bessere Schranke für $\chi(G(D \setminus D^n))$ zu erhalten. Dies gelingt mit Hilfe sogenannter zirkulanter Graphen.

Definition 3.39. Der *zirkulante Graph* $G_n^c(D)$ zu einer Distanzmenge $D \subseteq \mathbb{N}$ ist der Pseudograph (V, E) mit n Knoten $V = \{0, \ldots, n-1\}$, in dem zwei Knoten x, y genau dann benachbart sind, wenn ein $d \in D$ mit $x - y \equiv d \pmod{n}$ oder $x - y \equiv -d \pmod{n}$ existiert, wobei Mehrfachkanten identifiziert werden.

Zirkulante Graphen $G_n^c(D)$ sind nach Definition regulär. Man beachte, dass sie genau dann Schlingen enthalten, wenn die Ordnung n ein Element der Distanzmenge D teilt. Boesch und Tindell [7] zeigten, dass $G_n^c(D)$ mit $D = \{d_1, \ldots, d_{|D|}\}$ genau dann zusammenhängend ist, wenn der größte gemeinsame Teiler $\mathrm{ggT}(n, d_1, \ldots, d_{|D|}) = 1$ ist. In gewisser Weise sind ganzzahlige Distanzgraphen unendliche zirkulante Graphen (siehe etwa [86]).

Beispiel 3.40. Abbildung 3.5 zeigt die zirkulanten Graphen zur Distanzmenge $D = \{1, 2\}$ mit $n = 1, 2, \ldots, 8$ Knoten.

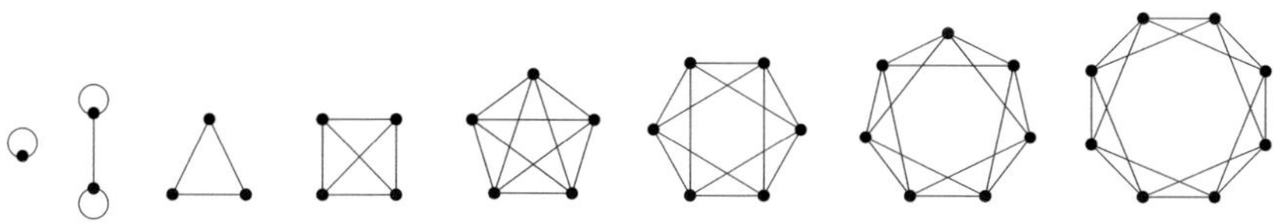

Abbildung 3.5: Darstellung zirkulanter Graphen zur Distanzmenge $D = \{1, 2\}$

Die chromatische Zahl ganzzahliger Distanzgraphen zu einer endlichen Distanzmenge lässt sich aus den chromatischen Zahlen zirkulanter Graphen bestimmen.

Satz 3.41 (Kemnitz, Marangio [53]). *Sei $D \subseteq \mathbb{N}$ endlich. Dann gilt*

$$\chi(G(D)) = \min\{\chi(G_n^c(D)) : n \in \mathbb{N}, D^n = \emptyset\}, \text{ wobei } D^n = \{d \in D : n \mid d\}.$$

Beweis. Falls n keinen Abstand aus D teilt, also $D^n = \emptyset$ gilt, so ist $G_n^c(D)$ schlingenfrei und somit schlicht. Jede zulässige Färbung von $G_n^c(D)$ ergibt durch periodische Wiederholung eine n-periodische Färbung von $G(D)$, woraus $\chi(G(D)) \leq \chi(G_n^c(D))$ folgt.

Falls D endlich ist und $G(D)$ mit k Farben färbbar ist, so existiert auch eine periodische Färbung von $G(D)$ mit höchstens k Farben (Satz 12.4 in [85], S. 274). Demnach gibt es eine periodische Färbung von $G(D)$, etwa mit Periode p, und $\chi(G(D))$ Farben. Durch Betrachten der Farben der Knoten $0, \ldots, p-1$ erhält man eine zulässige Färbung des zirkulanten Graphen $G_p^c(D)$, woraus $\chi(G(D)) = \chi(G_p^c(D))$ folgt. Aus der Zulässigkeit der Färbung folgt $D^p = \emptyset$, also wird das Minimum angenommen. □

Alternativ kann das Minimum auch über $n \in \mathbb{N}$, $n > \max D$ bestimmt werden (siehe [3]), da jede zulässige Färbung von $G_n^c(D)$ durch Wiederholung der Farben eine zulässige Färbung von $G_{jn}^c(D)$ für beliebiges $j \in \mathbb{N}$ ergibt, woraus $\chi(G_{jn}^c(D)) \leq \chi(G_n^c(D))$ folgt.

Aus Satz 3.41 erhält man folgende obere Schranke.

Satz 3.42. *Für $n \in \mathbb{N}$ gilt*

$$\chi(G(D)) \leq \chi(G_n^c(D \setminus D^n))(|D^n| + 1), \text{ wobei } D^n = \{d \in D : n \mid d\}.$$

Beweis. Es ist $D = D^n \cup (D \setminus D^n)$. Der Distanzgraph $G(D^n)$ kann nach Satz 3.23 mit höchstens $|D^n| + 1$ Farben gefärbt werden. Die Menge $D \setminus D^n$ enthält keine durch n teilbaren Abstände, also folgt aus Satz 3.41, dass $\chi(G(D \setminus D^n)) \leq \chi(G_n^c(D \setminus D^n))$ gilt. Aus Lemma 3.31 folgt schließlich die Behauptung. □

Für $n = 1$ erhält man die Schranke $\chi(G(D)) \leq |D| + 1$ aus Satz 3.23, da $D = D^1$ und $\chi(G_1^c(\emptyset)) = \chi(K_1) = 1$ ist. Aus $\chi(G_n^c(D \setminus D^n)) \leq n$ erhält man $\chi(G(D)) \leq n(|D^n|+1)$, die Schranke aus Lemma 3.32. Dies bedeutet, dass Satz 3.42 eine Verallgemeinerung dieser Ergebnisse ist.

Die chromatische Zahl eines zirkulanten Graphen lässt sich im Allgemeinen nicht einfach bestimmen. Aus $\chi(H) \leq \Delta(H) + 1$ und dem Satz von Brooks (Satz 3.14) erhält man folgende Abschätzungen. Man beachte, dass nichtzusammenhängende zirkulante Graphen aus zueinander isomorphen Teilgraphen bestehen.

Korollar 3.43. *Sei $n \in \mathbb{N}$ und $H = G_n^c(D \setminus D^n)$ mit $D^n = \{d \in D : n \mid d\}$. Dann gilt $\chi(G(D)) \leq \Delta(H)(|D^n|+1)$, falls H weder aus vollständigen Graphen noch aus ungeraden Kreisen besteht, und $\chi(G(D)) \leq (\Delta(H) + 1)(|D^n| + 1)$ in den übrigen Fällen.*

Sei $n \geq 2$. Zur Bestimmung des Maximalgrades des zirkulanten Graphen $G = G_n^c(D \setminus D^n)$ müssen die Abstände aus D modulo n betrachtet werden. Man erhält eine Zerlegung $D = D_0 \cup D_1 \cup \cdots \cup D_r$, $r = \lceil \frac{n-1}{2} \rceil$, wobei D_i die Elemente von D aus den Restklassen $\pm i$ modulo n enthält und $D_0 = D^n$ gilt.

Sei k die Anzahl der nichtleeren Mengen D_i, $i = 1, \ldots, r$. Falls n ungerade oder falls n gerade und $D_{n/2}$ leer ist, so ist der zirkulante Graph $2k$-regulär. Falls n gerade und $D_{n/2}$ nicht leer ist, so ist der zirkulante Graph $(2k-1)$-regulär.

Beispiel 3.44. Man betrachte den ganzzahligen Distanzgraphen $G(D)$ mit Distanzmenge $D = \{m \in \mathbb{N} : m \equiv \pm 1 \pmod 7\}$. Für $n = 7$ ist mit den obigen Bezeichnungen $k = 1$ und $D^7 = D_0 = \emptyset$. Der zirkulante Graph $G_7^c(D)$ ist zusammenhängend und 2-regulär und deshalb isomorph zum Kreis C_7. Aus Korollar 3.43 folgt $\chi(G(D)) \leq 3$. Andererseits enthält D gerade und ungerade Abstände, woraus $\chi(G(D)) \geq 3$ folgt, also insgesamt $\chi(G(D)) = 3$.

Eine weitere Folgerung aus Lemma 3.31 betrifft die Erweiterung der Distanzmenge.

Korollar 3.45. *Für Distanzmengen D und $D' \subseteq D \cup \{d, 3d, 5d, \dots\}$ folgt $\chi(G(D')) \leq 2\chi(G(D))$.*

Beweis. Man teile die Distanzmenge D' in $D' \cap D$ und $D' \cap \{d, 3d, 5d, \dots\}$ auf. Die Distanzgraphen zu diesen Teilmengen können mit höchstens $\chi(G(D))$ bzw. 2 Farben gefärbt werden, so dass die Aussage aus Lemma 3.31 folgt. □

Das Korollar kann auch direkt bewiesen werden:

Beweis. Sei $\chi(G(D)) = k$ und $f : \mathbb{Z} \to \{1, \dots, k\}$ eine k-Färbung von $G(D)$. Aus f wird eine $2k$-Färbung f' von $G(D')$ konstruiert, indem Abschnitte der Länge d abwechselnd mit den k ursprünglichen Farben und mit k neuen Farben entsprechend der Färbung f gefärbt werden.

Sei $f' : \mathbb{Z} \to \{1, \dots, 2k\}$ mit $f'(x) = \begin{cases} f(x) & \text{falls } 0 \leq x \bmod 2d \leq d-1, \\ f(x) + k & \text{falls } d \leq x \bmod 2d \leq 2d-1. \end{cases}$

Die Färbung f' ist D'-zulässig, denn für zwei benachbarte Knoten x, y mit einem Abstand aus D gilt $f(x) \neq f(y)$, also auch $f'(x) \neq f'(y)$, und für zwei benachbarte Knoten x, y mit Abstand aus $d, 3d, 5d \dots$ wird einer der Knoten mit einer der ersten k Farben, der andere mit einer der letzten k Farben gefärbt. Es folgt $\chi(G(D')) \leq 2k = 2\chi(G(D))$. □

Speziell für die Erweiterung der Distanzmenge um ein Element folgt hieraus, dass $\chi(G(D \cup \{d\}))$ höchstens doppelt so groß werden kann wie $\chi(G(D))$. Diese Schranke wird auch angenommen, wie die folgenden Beispiele zeigen.

Beispiel 3.46. Es sei $D = \{2n-1 : n \in \mathbb{N}\} = \{1, 3, 5, \dots\}$ mit $\chi(G(D)) = 2$ und $D' = D \cup \{2\}$. Wegen $\{1, 2, 3\} \subset D'$ mit $\chi(G(\{1, 2, 3\})) = 4$ folgt $\chi(G(D')) \geq 4$, und weil die periodische Färbung $P_4 = abcd$ zulässig für alle nicht durch 4 teilbaren Abstände ist, folgt sogar $\chi(G(D')) = 4$.

Beispiel 3.47. Es sei $D = \{4n-2 : n \in \mathbb{N}\} = \{2, 6, 10, \dots\}$ und $D' = D \cup \{1\}$. Dann gilt $\chi(G(D)) = \chi(G(\{1, 3, 5, \dots\}) = 2$ sowie $\chi(G(D')) \leq 4$, da D' keine durch 4 teilbaren Abstände enthält und somit die periodische Färbung $P_4 = abcd$ eine zulässige Färbung von $G(D')$ ist. Der Distanzgraph $G(D')$ ist nicht mit 3 Farben färbbar, denn es gibt im Wesentlichen nur eine $\{1, 2\}$-zulässige 3-Färbung, nämlich $P_3 = abc$, und diese ist nicht 6-zulässig, wobei $6 \in D'$. Also gilt $\chi(G(D')) = 4$.

Beispiel 3.48. Gegeben sei der Distanzgraph $G(D)$ zur Distanzmenge $D = \{2, 3, 4, 10\}$. Weil die periodische Färbung $P_6 = aabbcc$ für alle Abstände $d \equiv 2, 3, 4 \pmod 6$ zulässig ist, speziell also D-zulässig ist, gilt $\chi(G(D)) \leq 3$. Andererseits enthält die Distanzmenge gerade und ungerade Elemente, womit die chromatische Zahl mindestens 3 ist, also gilt insgesamt $\chi(G(D)) = 3$.

Zu D wird der Abstand 1 hinzugefügt, $D' = \{1, 2, 3, 4, 10\}$. Wegen $\{1, 2, 3, 4\} \subset D'$ gilt $5 = \chi(G(\{1, 2, 3, 4\})) \leq \chi(G(D'))$. Die einzige $\{1, 2, 3, 4\}$-zulässige 5-Färbung ist, bis auf die Wahl der Farben, $P_5 = abcde$. Diese Färbung ist jedoch nicht 10-zulässig, womit $\chi(G(D')) \geq 6$ folgt. Andererseits gilt $\chi(G(D')) \leq |D'| + 1 = 6$, also insgesamt $\chi(G(D')) = 6$.

3.2.3 Arithmetische Folgen als Distanzmengen

Für $D = \{1, 2, \ldots, n\}$ gilt $\chi(G(D)) = n+1$ nach Satz 3.27. In [52] wurde die chromatische Zahl von $G(D)$ bestimmt, falls D eine beliebige Folge aufeinanderfolgender Zahlen ist.

Satz 3.49 (Kemnitz, Kolberg [52]; Kemnitz, Marangio [53]). *Sei $D = \{a, a+1, \ldots, a+t\}$ mit $a, t \in \mathbb{N}$, und $s \in \mathbb{N}_0$ sei so gewählt, dass $sa < t \le (s+1)a$ gilt. Dann gilt $\chi(G(D)) = s+3$.*

Die Bedingung an s impliziert $s = \lceil t/a \rceil - 1$, also $\chi(G(D)) = \lceil t/a \rceil + 2$.

Die Distanzmenge D aus Satz 3.49 bildet eine arithmetische Folge $D = \{a + id : i = 0, 1, \ldots, t\}$ mit $d = 1$. Im folgenden Satz wird die chromatische Zahl $\chi(G(D))$ für beliebige Folgen dieser Art mit Hilfe zirkulanter Graphen bestimmt.

Satz 3.50 (Marangio [60]; Kemnitz, Marangio [53]). *Sei $D = \{a, a+d, a+2d, \ldots\} \subseteq \mathbb{N}$ eine beliebige (endliche oder unendliche) arithmetische Folge mit $a \in \mathbb{N}$ und $d \in \mathbb{N}_0$, so dass $\mathrm{ggT}(a, d) = 1$ gilt. Dann gilt*

$$\chi(G(D)) = \begin{cases} \left\lceil \frac{|D|-1}{a} \right\rceil + 2 & \text{falls } d = 1, \\ 2 & \text{falls } d \text{ gerade oder } |D| = 1, \\ 3 & \text{sonst.} \end{cases}$$

Beweis. Falls $|D| = 1$, etwa für $d = 0$, so ist $\chi(G(D)) = 2$ nach Satz 3.24. Falls $d = 1$ und $|D|$ endlich ist, so ist $\chi(G(D)) = \lceil (|D| - 1)/a \rceil + 2$ nach Satz 3.49, und falls $d = 1$ und $|D|$ unendlich ist, so ist $\chi(G(D)) = \infty$.

Falls $|D| \ge 2$ und $d \ge 2$ gerade, so ist a ungerade wegen $\mathrm{ggT}(a, d) = 1$, also sind alle Elemente aus D ungerade, woraus $\chi(G(D)) = 2$ folgt.

Der letzte zu betrachtende Fall ist $|D| \ge 2$ und $d \ge 2$ ungerade. Da $D' = \{a, a+d\} \subseteq D$ Elemente verschiedener Parität besitzt, gilt in diesem Fall $\chi(G(D)) \ge \chi(G(D')) = 3$ nach Satz 3.24.

Andererseits ist $a \equiv a + d \equiv a + 2d \equiv \ldots \pmod{d}$. Wegen $\mathrm{ggT}(a, d) = 1$ teilt d kein Element aus D, woraus $\chi(G(D)) \le \chi(G_d^c(D))$ nach Satz 3.41 folgt. Alle Elemente aus D sind kongruent zu a modulo d, also sind zwei Knoten u, v aus $G_d^c(D)$ genau dann benachbart, wenn $u - v \equiv \pm a \pmod{d}$ gilt. Es folgt, dass jeder Knoten w von $G_d^c(D)$ höchstens zwei Nachbarn besitzt, nämlich $(w + a) \bmod d$ und $(w - a) \bmod d$, also genau zwei Nachbarn, da d ungerade ist. Damit gilt $\chi(G(D)) \le \chi(G_d^c(D)) \le \Delta(G_d^c(D)) + 1 = 3$. □

3.3 Chromatische Zahlen reeller Distanzgraphen

In diesem Abschnitt werden chromatische Zahlen reeller Distanzgraphen $G(\mathbb{R}, D)$ betrachtet.

Eggleton, Erdős und Skilton [32] untersuchten reelle Distanzgraphen $G(\mathbb{R}, D)$ für bestimmte Teilmengen $D \subseteq \mathbb{R}^+$, unter anderem für abgeschlossene Intervalle $[1, x]$, $x \ge 1$, für offene Intervalle $(1, x)$, $x > 1$, für bestimmte Vereinigungen disjunkter abgeschlossener Intervalle sowie für endliche Distanzmengen. Sie stellten in diesem letzten Fall fest, dass für endliche Distanzmengen D, die nur aus natürlichen Zahlen bestehen, der Distanzgraph $G(\mathbb{R}, D)$ aus disjunkten Teilgraphen besteht, die zum Distanzgraphen $G(\mathbb{Z}, D)$ isomorph sind. Damit zeigten sie, dass $\chi(G(\mathbb{R},D)) = \chi(G(\mathbb{Z},D))$ gilt, falls $D \subseteq \mathbb{N}$. Demnach lassen sich die Ergebnisse aus dem letzten Abschnitt auf reelle Distanzgraphen $G(\mathbb{R},D)$ mit $D \subseteq \mathbb{N}$ und, aus Isomorphiegründen, $D \subseteq x\mathbb{N} = \{x, 2x, 3x, \ldots\}$ mit $x \in \mathbb{R}^+$ übertragen.

Beispiel 3.51. Es gilt $\chi(G(\mathbb{R},\{x\})) = 2$ für $x \in \mathbb{R}^+$, denn durch Einteilen von $\mathbb{R}$ in halboffene Intervalle der Länge x, die abwechselnd mit zwei Farben gefärbt werden, erhält man eine zulässige 2-Färbung des Graphen.

Einige Ergebnisse aus dem letzten Abschnitt gelten unverändert für beliebige Distanzgraphen $G(\mathbb{R},D)$ mit $D \subseteq \mathbb{R}^+$, sie wurden teilweise für diese Graphen mit gleichem oder variierten Beweis gezeigt. So sind etwa die chromatischen Zahlen $\chi(G(\mathbb{R},D))$ für $|D| \leq 3$, $D \subseteq \mathbb{R}^+$, vollständig bestimmt [94].

Mit Hilfe des Satzes von de Bruijn und Erdős lässt sich eine Verallgemeinerung von Satz 3.23 beweisen.

Satz 3.52 (Kemnitz, Marangio [56]). *Für endliche $D \subseteq \mathbb{R}^+$ und S mit $\emptyset \neq S \subseteq \mathbb{R}$ gilt*

$$\chi(G(S,D)) \leq |D| + 1.$$

Beweis. Sei H ein endlicher Teilgraph von $G(S,D)$ und H' ein beliebiger Teilgraph von H, $H' \subseteq H$. Der kleinste Knoten $v = \min V(H')$ von H' ist zu höchstens $|D|$ größere Knoten benachbart, woraus folgt, dass H ein $|D|$-degenerierter Graph ist. Mit $|D| \in \mathbb{N}_0$ folgt $\chi(H) \leq |D|+1$ aus Lemma 3.20 und hiermit $\chi(G(S,D)) \leq |D|+1$ aus Satz 3.18. □

Beispiel 3.53. Falls $D = \{1, 2, \ldots, n\}$ gilt, so ist $\chi\big(G(\mathbb{R},D)\big) = n+1$, denn $\omega\big(G(\mathbb{R},D)\big) = n+1 \leq \chi\big(G(\mathbb{R},D)\big) \leq |D|+1 = n+1$ nach Lemma 3.11 und Satz 3.52.

Weil das Ergebnis von de Bruijn and Erdős sich nicht auf eine analoge Aussage über die Färbungszahl unendlicher Graphen übertragen lässt, ist es nicht möglich, $\mathrm{col}\big(G(S,D)\big) \leq |D|+1$ für $S \subseteq \mathbb{R}$ mit der Methode aus Satz 3.52 zu beweisen.

Satz 3.54 (Kemnitz, Marangio [56]). *Für $D \subseteq \mathbb{R}^+$ endlich und $\emptyset \neq S \subseteq \mathbb{R}$ gilt*

$$\mathrm{col}\big(G(S,D)\big) \leq |D| + 1.$$

Beweis. Sei $0 < x < \min D$. Die Knotenmenge $\mathbb{R}$ wird in halboffene Intervalle $I_i = [ix, (i+1)x)$, $i \in \mathbb{Z}$, der Länge x partitioniert.

Sei $\prec_0$ eine Wohlordnung von I_0. Diese wird wie folgt zu einer Wohlordnung $\prec$ von $\mathbb{R}$ fortgesetzt:

Falls $r_1, r_2 \in I_i$, so gilt $r_1 \prec r_2$ genau dann, wenn $r_1 - ix \prec_0 r_2 - ix$. Falls $r_1 \in I_{i_1}$, $r_2 \in I_{i_2}$, $i_1 \neq i_2$, so gilt $r_1 \prec r_2$ genau dann, wenn $|i_1| < |i_2|$ oder wenn $i_1 = -i_2 > 0$.

Dies ist eine Wohlordnung von $\mathbb{R}$, denn jede nichtleere Teilmenge $T \subseteq \mathbb{R}$ besitzt ein kleinstes Element bezüglich $\prec$, das wie folgt bestimmt wird:

Sei $r \in I_{i(r)}$ für $r \in \mathbb{R}$. Man bestimme das kleinste i_0 bezüglich der Wohlordnung $0, 1, -1, 2, -2, \ldots$ von $\mathbb{Z}$, das in der Menge $J = \{i(r) : r \in T\}$ enthalten ist. Weil I_{i_0} entsprechend I_0 wohlgeordnet ist, besitzt die Menge $T \cap I_{i_0}$ ein kleinstes Element, das offensichtlich das kleinste Element von T ist.

Jeder Knoten r von $G(S,D)$ hat höchstens $|D|$ Nachbarn s mit $s \prec r$, da $x < \min D$ und $r \prec r+d$ für $r \geq 0$ sowie $r \prec r-d$ für $r < 0$ für alle $d \in D$ gilt.

Es folgt $\mathrm{col}\big(G(S,D)\big) \leq \mathrm{col}\big(G(\mathbb{R},D)\big) \leq |D|+1$. □

Sei $D = \{d_1, \ldots, d_s\}$ und H sei der Teilgraph von $G(S, D)$ mit Knotenmenge $\{0, d_1, \ldots, d_s, d_1 + d_2, d_1 + d_3, \ldots, d_{s-1} + d_s, d_1 + d_2 + d_3, \ldots, d_1 + d_2 + \cdots + d_s\}$ (V_H besteht aus 0 und aus allen Summen von verschiedenen Elementen von D). Es gilt $\delta(H) = |D|$ und deshalb $\operatorname{col}\big(G(S, D)\big) \geq \operatorname{col}(H) = |D| + 1$. Hieraus erhält man:

Korollar 3.55 (Kemnitz, Marangio [56]). *Falls $D = \{d_1, \ldots, d_s\}$ und $\{0, d_1, \ldots, d_s, d_1 + d_2, d_1 + d_3, \ldots, d_{s-1} + d_s, d_1 + d_2 + d_3, \ldots, d_1 + d_2 + \cdots + d_s\} \subseteq S$, so gilt $\operatorname{col}\big(G(S, D)\big) = |D| + 1$.*

Hieraus folgt, dass $\operatorname{col}\big(G(\mathbb{Z}, D)\big) = |D| + 1$ für $D \subseteq \mathbb{N}$ endlich, $\operatorname{col}\big(G(\mathbb{Q}, D)\big) = |D| + 1$ für $D \subseteq \mathbb{Q}^+$ endlich und $\operatorname{col}\big(G(\mathbb{R}, D)\big) = |D| + 1$ für $D \subseteq \mathbb{R}^+$ endlich gilt.

3.4 Chromatische Zahlen n-dimensionaler Distanzgraphen

In diesem Abschnitt werden chromatische Zahlen n-dimensionaler Distanzgraphen $G(S, D)$ mit $S \subseteq \mathbb{R}^n$ betrachtet. Für $S = \mathbb{R}^n$, $S = \mathbb{Q}^n$ und $S = \mathbb{Z}^n$ werden bekannte Ergebnisse zusammengefasst und eine obere Schranke für spezielle Distanzgraphen $G(S, D)$ angegeben.

3.4.1 Distanzgraphen mit $S = \mathbb{R}^n$

Beim Hadwiger-Nelson-Problem aus der Einleitung wird nach der chromatischen Zahl des Distanzgraphen $G(\mathbb{R}^2, \{1\})$ gefragt, des sogenannten *Einheitsdistanzgraphen der Ebene*, wobei nur die Schranken $4 \leq \chi(G(\mathbb{R}^2, \{1\})) \leq 7$ bekannt sind. Betrachtet man statt $\mathbb{R}^2$ einen beliebigen euklidischen Raum $\mathbb{R}^n$, so ist die chromatische Zahl $\chi(G(\mathbb{R}^n, \{1\}))$ nur für für den eindimensionalen Fall $n = 1$ bestimmt worden: $\chi(G(\mathbb{R}^1, \{1\})) = 2$. Für $n \geq 2$ sind wie im Spezialfall $n = 2$ nur Schranken bekannt (siehe Tabelle 3.1).

S	$\chi = \chi(G(S, \{1\}))$
$\mathbb{R}^1$	$\chi = 2$
$\mathbb{R}^2$	$4 \leq \chi \leq 7$ [38, 62, 71]
$\mathbb{R}^3$	$6 \leq \chi \leq 15$ [23, 63, 66]
$\mathbb{R}^4$	$7 \leq \chi \leq 54$ [15, 66]
$\mathbb{R}^5$	$\chi \geq 9$ [15]
$\mathbb{R}^6$	$\chi \geq 11$ [22]
$\mathbb{R}^7$	$\chi \geq 15$ [67]
$\mathbb{R}^8$	$\chi \geq 16$ [58]
$\mathbb{R}^9$	$\chi \geq 16$ [58]

Tabelle 3.1: Chromatische Zahlen $\chi(G(\mathbb{R}^n, \{1\}))$ (siehe [22], [73], S. 67–71)

Durch Einteilen des n-dimensionalen Raums in n-dimensionale Würfel mit Seitenlänge $< 1/\sqrt{n}$ (also Hauptdiagonale < 1) kann man leicht erkennen, dass die chromatischen Zahlen $\chi(G(\mathbb{R}^n, \{1\}))$ endlich sind, da die Punkte eines jeden Würfels gleich gefärbt werden können, und die Anzahl der insgesamt benötigten Farben sich als chromatische Zahl eines regulären lokal endlichen Graphen ausdrücken lässt, der eine endliche chromatische Zahl besitzt.

Für $n \geq 4$ wurden die Schranken $1.23956^n \leq \chi(G(\mathbb{R}^n, \{1\})) \leq (3 + o(1))^n$ [58, 67, 87] bewiesen, das heißt, diese Zahlen wachsen exponentiell mit n.

Soifer ([73], S. 555–556) äußerte die Vermutung, dass für $n = 2$ und $n = 3$ die obere Schranke 7 bzw. 15 angenommen wird und dass im allgemeinen Fall $\chi(G(\mathbb{R}^n, \{1\})) = 2^{n+1} - 1$ für $n \geq 2$ gilt.

Man beachte, dass sich die Ergebnisse aus Tabelle 3.1 auf beliebige Distanzgraphen mit einelementigen Distanzmengen übertragen lassen, da die entsprechenden Graphen isomorph zueinander sind.

Lemma 3.56. *Sei $D \subseteq \mathbb{R}^+$, $x \in \mathbb{R}^+$ und $xD = \{xd : d \in D\}$. Dann gilt $G(\mathbb{R}^n, D) \cong G(\mathbb{R}^n, xD)$.*

Beweis. Die bijektive Abbildung $f : \mathbb{R}^n \to \mathbb{R}^n$, $f(v) = xv$ ist adjazenzerhaltend, da für $v, w \in \mathbb{R}^n$ stets $\|f(v) - f(w)\|_2 = \|x(v - w)\|_2 = x\,\|v - w\|_2$ gilt, also gilt genau dann $\|v - w\|_2 = d \in D$, wenn $\|f(v) - f(w)\|_2 = xd \in xD$ gilt. □

Es folgt unmittelbar:

Korollar 3.57. $\chi(G(\mathbb{R}^n, \{x\})) = \chi(G(\mathbb{R}^n, \{1\}))$.

Im Folgenden wird der Satz von de Bruijn und Erdős (Satz 3.18) benutzt, um eine obere Schranke für die chromatische Zahl spezieller Distanzgraphen $G(S, D)$ zu bestimmen, deren Knotenmengen S die folgende Symmetrieeigenschaft $(*)$ erfüllen:

$$\forall x, y \in S : (x \sim y \implies 2x - y \in S) \qquad (*)$$

Dies bedeutet, dass für je zwei benachbarte Knoten $x, y \in S$ der an x gespiegelte Knoten y, also $y' = 2x - y$, ebenfalls in S enthalten und zu x benachbart ist. Damit treten die Nachbarn eines jeden Knotens immer paarweise auf (siehe Abbildung 3.6).

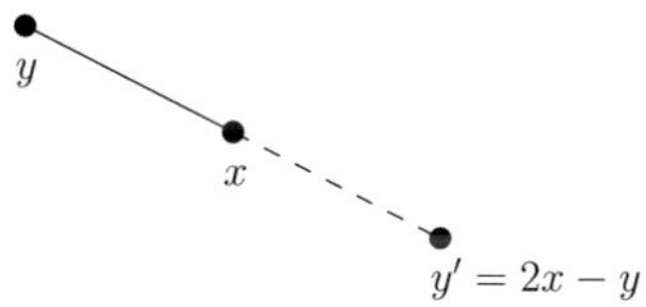

Abbildung 3.6: Schematische Darstellung zur Eigenschaft $(*)$

Lemma 3.58. *Sei $D \subseteq \mathbb{R}^+$ und S mit $\emptyset \neq S \subseteq \mathbb{R}^n$ erfülle die Symmetrieeigenschaft $(*)$. Jeder endliche Teilgraph H von $G(S, D)$ ist dann $\Delta(G(S, D))/2$-degeneriert.*

Beweis. Sei $H \subseteq G(S, D)$ endlich und $H' \subseteq H$ ein beliebiger Teilgraph von H. Die Knotenmenge $V = V(H')$ ist endlich und damit beschränkt. Man betrachte die abgeschlossene Kugel B um den Ursprung O mit Radius $r = \max\{\|v\|_2 : v \in V\}$, also $B = \overline{S_r^n(O)} = \{x \in \mathbb{R}^n : \|x\|_2 \leq r\}$.

Es gilt $V \subseteq B$ und $V \cap \partial B \neq \emptyset$, wobei ∂B den Rand der Kugel bezeichnen soll.

Man wähle einen beliebigen Knoten $v \in V \cap \partial B$ und man betrachte die Hyperebene $\epsilon : v(x - v) = 0$, welche die Kugel B in v berührt. Alle Knoten aus $V \setminus \{v\}$ und damit $N_{H'}(v)$ liegen in einem der beiden Halbräume, die durch ϵ erzeugt werden. Weil jedoch $v + z$ und $v - z$ wegen der Definition von ϵ und wegen $\epsilon \cap B = \{v\}$ in verschiedenen

Halbräumen liegen, und weil $(*)$ impliziert, dass mit $v+z$ auch $2v-(v+z)=v-z$ in $G(S,D)$ zu v benachbart ist, folgt $d_{H'}(v) \leq d_{G(S,D)}(v)/2 \leq \Delta(G(S,D))/2$.

Da $H' \subseteq H$ ein beliebiger Teilgraph von H ist, ist H ein $\Delta(G(S,D))/2$-degenerierter Graph. □

Aus diesem Lemma lässt sich eine obere Schranke für die chromatische Zahl ableiten, sofern der Maximalgrad von $G(S,D)$ endlich ist.

Korollar 3.59. *Sei $D \subseteq \mathbb{R}^+$, S mit $\emptyset \neq S \subseteq \mathbb{R}^n$ erfülle die Symmetrieeigenschaft $(*)$ und $\Delta(G(S,D))$ sei endlich. Dann gilt*

$$\chi(G(S,D)) \leq \Delta(G(S,D))/2+1.$$

Beweis. Die Behauptung folgt aus Lemma 3.20, Lemma 3.58 und Satz 3.18. □

Für $n=1$ erhält man als Korollar das Ergebnis von Satz 3.52.

Korollar 3.60 (Kemnitz, Marangio [56])**.** *Für endliche $D \subseteq \mathbb{R}^+$ und S mit $\emptyset \neq S \subseteq \mathbb{R}$ gilt $\chi(G(S,D)) \leq |D|+1$.*

Beweis. Es gilt $\Delta(G(\mathbb{R},D)) = 2\,|D| < \infty$, da ein beliebiger Knoten $v \in \mathbb{R}$ zu genau zwei Knoten in Abstand $d \in D$ benachbart ist, nämlich zu $v-d$ und $v+d$. Außerdem erfüllt $\mathbb{R}$ die Bedingung $(*)$, also gilt $\chi(G(\mathbb{R},D)) \leq \Delta(G(\mathbb{R},D))/2+1 = 2\,|D|\,/2+1 = |D|+1$ nach Korollar 3.59. Hieraus folgt, dass $\chi(G(S,D)) \leq |D|+1$ auch für Teilgraphen $G(S,D) \subseteq G(\mathbb{R},D)$ mit $\emptyset \neq S \subseteq \mathbb{R}$ gilt. □

3.4.2 Distanzgraphen mit $S = \mathbb{Q}^n$

Betrachtet man Distanzgraphen $\chi(G(\mathbb{Q}^n,\{1\}))$, so sind einige exakte Ergebnisse und Schranken bekannt, die in Tabelle 3.2 zusammengefasst sind. Insbesondere gilt, dass die Distanzgraphen $G(\mathbb{Q}^2,\{1\})$ und $G(\mathbb{Q}^3,\{1\})$ bipartit sind, das heißt, die Übertragung des Hadwiger-Nelson-Problems auf rationale Punkte der euklidischen Ebene bzw. des euklidischen Raumes lässt sich mit 2 Farben lösen.

S	$\chi(G(S,\{1\}))$	$\chi(G(S,D_{odd}))$	$\chi(G(S,D_{sqrt}))$
$\mathbb{Q}^2$	2 [89]	2 [90]	2 [46]
$\mathbb{Q}^3$	2 [6]	2 [90]	
$\mathbb{Q}^4$	4 [6]	4 [90]	4 [46]
$\mathbb{Q}^5$	≥ 8 [22]		
$\mathbb{Q}^6$	≥ 10 [59]		
$\mathbb{Q}^7$	≥ 15 [22]		
$\mathbb{Q}^8$	≥ 16 [59]		

Tabelle 3.2: Chromatische Zahlen $\chi(\mathbb{Q}^n,D)$ mit $D_{odd} = 2\mathbb{Z}+1$, $D_{sqrt} = \{\sqrt{p/q} : p,q \in 2\mathbb{Z}+1\}$ (siehe [67] und [73], S. 72–76)

Korollar 3.61. *Für $d \in \mathbb{Q}^+$ gilt $\chi(G(\mathbb{Q}^2,\{d\})) = 2$ und $\chi(G(\mathbb{Z}^2,\{d\})) \leq 2$.*

Beweis. Es gilt $G(\mathbb{Z}^2,\{d\}) \subseteq G(\mathbb{Q}^2,\{d\}) \cong G(\mathbb{Q}^2,\{1\})$ und $\chi(G(\mathbb{Q}^2,\{1\})) = 2$ [89]. □

3.4.3 Distanzgraphen mit $S = \mathbb{Z}^n$

Ersetzt man $\mathbb{R}^n$ durch $\mathbb{Z}^n$, so ist die Frage nach der chromatischen Zahl $\chi(G(\mathbb{Z}^n, \{1\}))$ trivial, denn diese Graphen sind alle bipartit, und die chromatische Zahl ist stets 2.

Beispiel 3.62. Die chromatische Zahl des Distanzgraphen $G(\mathbb{Z}^2, \{1\})$ (s. Abbildung 2.1) ist 2, denn er ist nicht leer, also werden in einer Färbung mindestens zwei Farben benötigt; andererseits ist er bipartit und lässt sich schachbrettartig mit zwei Farben färben.

Diese Überlegung wurde von Chilakamarri [21] verallgemeinert. Distanzgraphen $G(\mathbb{Z}^n, D)$ mit $D \subseteq \{\sqrt{n} : n \in 2\mathbb{Z} + 1\}$ sind bipartit, da man die Knoten $x \in \mathbb{Z}^n$ anhand der Parität der Summe $|x_1| + \ldots + |x_n|$ in zwei Partitionsmengen einteilen kann. Somit ist die chromatische Zahl dieser Distanzgraphen $G(\mathbb{Z}^n, D)$ stets 2.

Beispiel 3.63. Der Distanzgraph $G(\mathbb{Z}^2, \{1, \sqrt{2}\})$ (siehe Abbildung 3.7) enthält den K_4 als Teilgraphen, so dass mindestens vier Farben zur Färbung benötigt werden. Andererseits existiert eine Knotenfärbung mit vier Farben. Jeder Knoten $(x, y) \in \mathbb{Z}^2$ wird mit Farbe $1 + (x \bmod 2) + 2(y \bmod 2)$ gefärbt, das heißt, Knoten (x, y) mit $y = \ldots, -2, 0, 2, \ldots$ werden abwechselnd mit Farben $1, 2$ gefärbt, während Knoten mit $y = \ldots, -1, 1, 3, \ldots$ abwechselnd mit Farben $3, 4$ gefärbt werden. Es folgt $\chi(G(\mathbb{Z}^2, \{1, \sqrt{2}\})) = 4$.

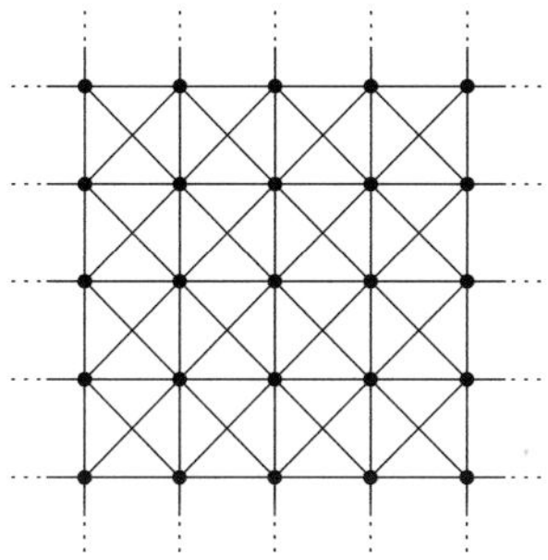

Abbildung 3.7: Der Distanzgraph $G(\mathbb{Z}^2, \{1, \sqrt{2}\})$

3.5 Maximumsnorm

In diesem Abschnitt wird anstatt des euklidischen Raumes (das heißt, des metrischen Raumes mit Grundmenge $\mathbb{R}^n$ und der durch die euklidische Norm $\|x\|_2 = \sqrt{x_1^2 + \ldots + x_n^2}$ erzeugte Metrik) der Raum $\mathcal{M}_n = (\mathbb{R}^n, \|\cdot\|_\infty)$ mit Grundmenge $\mathbb{R}^n$ und der durch die *Maximumsnorm* $\|x\|_\infty = \max\{|x_i| : 1 \leq i \leq n\}$ erzeugte Metrik betrachtet, wobei $x = (x_1, x_2, \ldots, x_n) \in \mathbb{R}^n$ gilt.

Im Gegensatz zum euklidischen Raum sind in diesem Fall die chromatischen Zahlen der Einheitsdistanzgraphen recht einfach zu bestimmen (die Aussage findet man in [13], S. 237, allerdings ohne Beweis).

Satz 3.64. *Es sei* $G_n = G_{\mathcal{M}_n}(\mathbb{R}^n, \{1\}) = (\mathbb{R}^n, E_n)$ *mit* $E_n = \{xy : x, y \in \mathbb{R}^n, \|x-y\|_\infty = 1\}$. *Für* $n \in \mathbb{N}$ *gilt* $\chi(G_n) = 2^n$.

Beweis. Der Fall $n = 1$ wurde bereits betrachtet, da $\|x\|_\infty = \|x\|_2 = |x|$ für $n = 1$ gilt.

Die 2^n Knoten $(x_1, x_2, \dots, x_n) \in \mathbb{R}^n$ mit $x_i \in \{0, 1\}$ für $i = 1, \dots, n$ bilden eine Clique in G_n, da für je zwei solcher Knoten x, y der Abstand $\|x-y\|_\infty = 1$ beträgt. Es folgt $\chi(G_n) \geq 2^n$.

Auf der anderen Seite existiert eine 2^n-Knotenfärbung des Graphen G_n. Man teile den Raum in n-dimensionale Würfel der Seitenlänge 1 mit Eckpunkten aus $\mathbb{Z}^n$ ein, wobei nur ein Teil des Randes eines Würfels zum Würfel gehören soll. Zu jedem Würfel gehören alle Punkte $x = (x_1, x_2, \dots, x_n) \in \mathbb{R}^n$ mit $\lceil x_i \rceil = z_i$ für $i = 1, \dots, n$, wobei $(z_1, z_2, \dots, z_n) \in \mathbb{Z}^n$ gilt. Damit enthält jeder Würfel genau einen ganzzahligen Eckpunkt.

Durch diese Aufteilung besitzen keine zwei Knoten eines Würfels den Abstand 1 zueinander, das heißt, alle Knoten eines Würfels können gleich gefärbt werden. Außerdem stammen Knoten x, y im Abstand 1 aus „benachbarten" Würfel, so dass $|\lceil x_i \rceil - \lceil y_i \rceil| \leq 1$ für $i = 1, \dots, n$ gilt.

Färbt man jeden Knoten $(x_1, \dots, x_n) \in \mathbb{R}^n$ mit der Farbe $1 + \sum_{i=1}^{n} (\lceil x_i \rceil \bmod 2) 2^{i-1}$, so ergibt sich eine zulässige 2^n-Färbung von G_n, da Knoten im Abstand 1 sich in mindestens einen Summanden unterscheiden und damit verschieden gefärbt sind. □

4 Listenchromatische Zahlen von Distanzgraphen

Listenfärbungen wurden in den siebziger Jahren von Vizing [80] und unabhängig davon von Erdős, Rubin und Taylor [35] eingeführt, aber erst in den neunziger Jahren wurde in diesem Gebiet intensiv geforscht. Für einen Überblick über die bisherige Arbeiten können die Artikel von Alon [2], Tuza [78] und Voigt [82] sowie die Bücher von Chartrand, Zhang [20] und Jensen, Toft [45] dienen.

4.1 Einleitung

Bei einer Knotenfärbung eines Graphen stammt die Farbe eines jeden Knotens aus einer einzigen Farbmenge, der Menge aller Farben, also ist die Menge der zur Färbung eines Knotens zugelassenen Farben stets gleich. Werden bei einer Knotenfärbung eines Graphen die Farben eingeschränkt, die für jeweils einen bestimmten Knoten zur Auswahl stehen, so kommt man zu folgenden Begriffen.

Definition 4.1. Sei G ein Graph. Jedem Knoten $v \in V(G)$ sei eine Menge $L(v)$ von Farben zugewiesen, die zur Färbung des Knotens zugelassen sind. Die Menge $L(v)$ heißt die *Liste* von v und L *Listenzuweisung*. Falls jede Liste $L(v)$ die gleiche Anzahl k von Elementen besitzt, so heißt k die *Länge* der Listenzuweisung L, die in diesem Fall auch *k-Listenzuweisung* genannt wird.

Eine (*zulässige*) *L-Listenfärbung* oder kurz *Listenfärbung* eines Graphen G ist eine Knotenfärbung von G, bei der jedem Knoten $v \in V(G)$ eine Farbe aus seiner gegebenen Liste $L(v)$ der Listenzuweisung L zugeordnet wird, so dass benachbarte Knoten verschieden gefärbt sind.

Ein Graph G heißt *k-listenfärbbar* oder *k-choosable*, wenn eine L-Listenfärbung von G für jede Listenzuweisung L mit $|L(v)| \geq k$ für jeden Knoten $v \in V(G)$ existiert.

Für einen Graphen G heißt das kleinste k, für das der Graph k-listenfärbbar ist, *listenchromatische Zahl* oder *Choice-Number* von G, in Zeichen $\mathrm{ch}(G)$ oder $\chi_l(G)$.

Gewöhnlich werden nur zulässige Färbungen und Listenfärbungen betrachtet. Eine *nichtzulässige Färbung* bzw. *nichtzulässige L-Listenfärbung* eines Graphen G ist eine Abbildung, die jedem Knoten $v \in V(G)$ eine Farbe aus der Farbmenge bzw. der Liste $L(v)$ zuordnet, so dass es benachbarte Knoten gibt, die gleich gefärbt sind.

Ein Graph G ist genau dann k-listenfärbbar, wenn eine L-Listenfärbung von G für jede k-Listenzuweisung L existiert. In der Definition kann also die Bedingung $|L(v)| \geq k$ durch die Bedingung $|L(v)| = k$ ersetzt werden. Ist G nämlich k-listenfärbbar, so existiert nach Definition eine L-Listenfärbung von G für jede Listenzuweisung L der Länge k. Andererseits erhält man aus einer Listenzuweisung L' mit $|L'(v)| \geq k$ für jeden Knoten $v \in V(G)$ durch Auswahl von Teillisten $L(v) \subseteq L'(v)$ mit $|L(v)| = k$ eine Listenzuweisung L der Länge k, und da eine L-Listenfärbung auch eine L'-Listenfärbung ist, folgt die Rückrichtung.

Die listenchromatische Zahl eines Graphen liegt stets zwischen der chromatischen Zahl und der Färbungszahl des Graphen.

Lemma 4.2. *Für jeden Graphen G gilt $\chi(G) \leq \mathrm{ch}(G) \leq \mathrm{col}(G)$.*

Beweis. Werden für alle Listen stets die gleichen Farben gewählt, so sind zulässige Listenfärbungen gewöhnliche Färbungen, die mindestens $\chi(G)$ Farben benötigen, woraus $\chi(G) \leq \mathrm{ch}(G)$ folgt.

Gegeben sei eine beliebige Listenzuweisung der Länge $\mathrm{col}(G)$. Werden die Knoten in einer durch die Färbungszahl vorgegebenen Wohlordnung gefärbt, so sind für jeden Knoten weniger als $\mathrm{col}(G)$ Nachbarn bereits gefärbt, das heißt, es gibt in der zugehörigen Liste mindestens eine Farbe, die zur Färbung des Knotens benutzt werden kann. Es folgt $\mathrm{ch}(G) \leq \mathrm{col}(G)$. □

Der Satz von de Bruijn und Erdős (Satz 3.18) sagt aus, dass ein Graph, dessen endliche Teilgraphen alle k-färbbar sind, selbst k-färbbar ist. Eine analoge Aussage gilt auch für k-listenfärbbare Graphen. Im Folgenden wird der Beweis von Johnson [47] angegeben, der Methoden aus der Topologie benutzt (hierzu siehe etwa [50] oder [27], S. 201).

Satz 4.3 (Johnsson [47]). *Sei $k \in \mathbb{N}$ und G ein Graph, dessen endliche Teilgraphen alle k-listenfärbbar sind. Dann ist G selbst k-listenfärbbar.*

Beweis. Die Aussage ist trivial für endliche Graphen, desshalb sei G ein unendlicher Graph, dessen endliche Teilgraphen alle k-listenfärbbar für ein $k \in \mathbb{N}$ sind. Sei L eine Listenzuweisung der Länge k für die Knoten von G.

Betrachte das kartesische Produkt $X = \prod_{v \in V(G)} L(v)$ und statte X mit der Produkttopologie aus, die aus den diskreten Topologien von $L(v)$ entsteht (das heißt, die Topologie von $L(v)$ besteht aus allen Teilmengen von $L(v)$, und die Topologie von X ist die gröbste Topologie, für die alle kanonischen Projektionen $p_v : X \to L(v)$ stetig sind). Nach dem Satz von Tychonoff ([50], S. 143) ist X als Produktraum kompakter topologischer Räume selbst kompakt.

Elemente aus X werden als zulässige und nichtzulässige L-Listenfärbungen interpretiert, X enthält insbesondere die Menge aller zulässigen L-Listenfärbungen von G. Für jede endliche Knotenmenge $F \subset V(G)$ sei $Y_F = \{\phi \in X : \phi|_F$ ist zulässige L-Listenfärbung von $\langle F \rangle\}$. Für jedes F ist Y_F abgeschlossen und nach Voraussetzung nichtleer.

Es gilt, dass ein topologischer Raum genau dann kompakt ist, wenn jede Familie abgeschlossener Mengen mit der endlichen Durchschnittseigenschaft (das heißt, jeder Schnitt endlich vieler Mengen der Familie ist nichtleer) einen nichtleeren Schnitt besitzt ([50], S. 136).

Weil $\emptyset \neq Y_{F_1 \cup F_2} \subseteq Y_{F_1} \cap Y_{F_2}$ gilt, besitzt die Familie aller Y_F die endliche Durchschnittseigenschaft. Darüber hinaus sind alle Y_F abgeschlossen und X ist kompakt, also folgt aus dem obigen Satz, dass der Schnitt aller Y_F nichtleer ist. Jedes ϕ in diesem Schnitt ist eine zulässige L-Listenfärbung von G, da für je zwei benachbarte Knoten u, w stets $\phi \in Y_{\{u,w\}}$ gilt, woraus $\phi(u) \neq \phi(w)$ folgt. □

Einen weiteren Beweis dieses Satzes findet man in [78], wo mehrere ähnliche Ergebnisse zusammengetragen wurden. Man kann ihn auch als Folgerung eines allgemeineren Ergebnisses, Satz 4.24, ableiten.

Die Bedeutung von Satz 4.3 liegt analog zum Satz von de Brujin und Erdős darin, dass man sich bei der Untersuchung der listenchromatischen Zahl unendlicher Graphen mit endlicher listenchromatischer Zahl auf die endlichen Teilgraphen beschränken kann. Dieses Ergebnis wird im Folgenden bei der Untersuchung von Distanzgraphen benutzt.

4.2 Listenchromatische Zahlen ganzzahliger Distanzgraphen

Im Gegensatz zu den chromatischen Zahlen ganzzahliger Distanzgraphen sind nur wenige Ergebnisse über listenchromatische Zahlen ganzzahliger Distanzgraphen bekannt.

Wie bei gewöhnlichen Graphen gibt es auch Distanzgraphen $G(D)$, bei denen die Differenz zwischen listenchromatischer Zahl $\mathrm{ch}(G(D))$ und chromatischer Zahl $\chi(G(D))$ beliebig groß werden kann.

Beispiel 4.4. Sei $G(D_n)$ der Distanzgraph mit $D_n = \{1, 3, 5, \ldots, 2n-1\}$. Da die Distanzmenge D_n nur ungerade Zahlen enthält, ist $G(D_n)$ bipartit mit den geraden bzw. ungeraden Knoten als Bipartitionsmengen, es gilt also $\chi(G(D_n)) = 2$ (siehe [32]).

Der Teilgraph von $G(D_n)$, der durch die $2n$ aufeinanderfolgende Knoten $0, 1, \ldots, 2n-1$ induziert wird, ist isomorph zum vollständig bipartiten Graphen $K_{n,n}$ (siehe Abbildung 4.1).

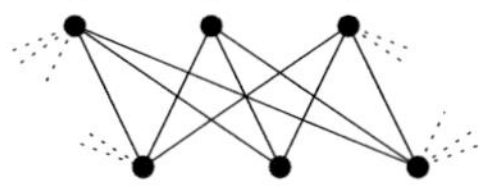

Abbildung 4.1: Der Graph $K_{3,3}$ als Teilgraph von $G(1,3,5)$

Nach Erdős, Rubin und Taylor [35] gilt $\mathrm{ch}(K_{n,n}) = \log_2 n + o(\log n)$, das heißt, die listenchromatische Zahl $\mathrm{ch}(K_{n,n})$ wächst logarithmisch mit n. Aus $\mathrm{ch}(G(D_n)) \geq \mathrm{ch}(K_{n,n})$ folgt, dass auch die listenchromatische Zahl $\mathrm{ch}(G(D_n))$ mit n unbeschränkt wächst. Da die chromatische Zahl stets 2 beträgt, wird die Differenz $\mathrm{ch}(G(D_n)) - \chi(G(D_n))$ zwischen listenchromatischer und chromatischer Zahl dieser Distanzgraphen beliebig groß.

Satz 3.23 liefert eine obere Schranke für die chromatische Zahl ganzzahliger Distanzgraphen. Der Beweis muss nur angepasst werden, um die entsprechende Aussage für die listenchromatische Zahl herzuleiten.

Satz 4.5 (Kemnitz, Marangio [55]). *Für jeden ganzzahligen Distanzgraphen $G(D)$ gilt*

$$\mathrm{ch}(G(D)) \leq |D| + 1.$$

Beweis. Gegeben sei eine beliebige Listenzuweisung L, die jedem Knoten $v \in \mathbb{Z}$ eine Liste $L(v)$ mit mindestens $|D| + 1$ Farben zuweist. Die Knoten werden nacheinander in der Reihenfolge $0, 1, -1, 2, -2, \ldots$ gefärbt, so dass Knoten v eine Farbe aus seiner Liste $L(v)$ zugewiesen wird, die nicht zur Färbung eines bereits gefärbten Nachbarn von v benutzt wurde. Solch eine Farbe existiert, da die Färbungsreihenfolge impliziert, dass höchstens die Hälfte der Nachbarn von v, also höchstens $|D|$, bereits gefärbt wurden. Da $|L(v)| \geq |D|+1$ gilt, enthält die Liste $L(v)$ mindestens eine unbenutzte Farbe, mit der der Knoten v gefärbt werden kann. □

Weil $\chi(G) \leq \mathrm{ch}(G)$ für alle Graphen G gilt (Lemma 4.2) folgt aus Satz 4.5 für Distanzgraphen $G(D)$ mit maximaler chromatischer Zahl:

Korollar 4.6. *Gilt $\chi(G(D)) = |D| + 1$, so gilt auch $\mathrm{ch}(G(D)) = |D| + 1$.*

Eine Reihe von Distanzgraphen $G(D)$ erfüllt diese Bedingung (siehe Kapitel 3), etwa Distanzgraphen $G(D)$ mit folgenden Distanzmengen D, für die o.B.d.A. $\mathrm{ggT}(D) = 1$ vorausgesetzt werden kann:

- D mit $|D| \leq 1$;
- $D = \{x, y\}$ mit $x \not\equiv y \pmod 2$;
- $D = \{x, y, x+y\}$ mit $x \not\equiv y \pmod 3$;
- $D = \{x, y, x+y, |y-x|\}$ mit $x \equiv y \equiv 1 \pmod 2$;
- $D = \{1, 2, \ldots, n, t(n+1)\}$ mit $t, n \in \mathbb{N}$.

Es gilt also $\mathrm{ch}(G(D)) = 1$ für $|D| = 0$ und $\mathrm{ch}(G(D)) = 2$ für $|D| = 1$. Es stellt sich die Frage, wie groß die listenchromatische Zahl $\mathrm{ch}(G(D))$ für die übrigen Distanzmengen dieser Art ist.

Beispiel 4.7. Man betrachte den ganzzahligen Distanzgraphen $G(D)$ mit $D = \{1, 3\}$. Da die Distanzmenge D nur aus ungeraden Zahlen besteht, folgt, dass $\chi(G(D)) = 2$ gilt.

Sei H der durch die Knoten $\{0, 1, 2, 3, 4, 5\}$ induzierte Teilgraph von $G(D)$ mit der 2-Listenzuweisung $L(0) = L(5) = \{a, b\}$, $L(1) = L(2) = \{a, c\}$ und $L(3) = L(4) = \{b, c\}$ (siehe Abbildung 4.2).

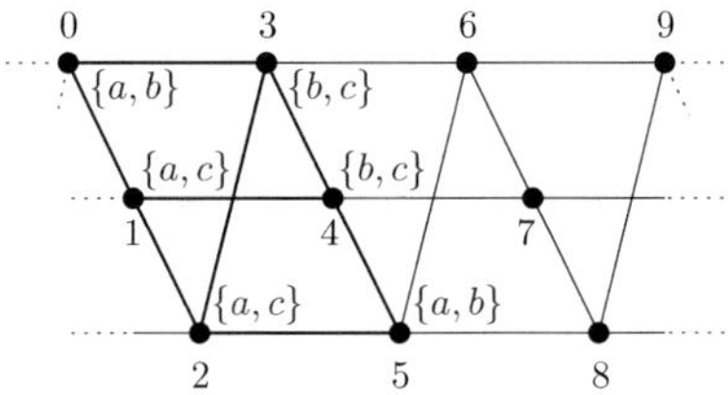

Abbildung 4.2: Der Teilgraph H von $G(\{1, 3\})$

Falls der Knoten 0 mit der Farbe a bzw. b gefärbt wird, so folgt zwangsweise, dass der Knoten 1 bzw. 3 mit c gefärbt werden muss. In beiden Fällen muss der Knoten 2 mit a und der Knoten 4 mit b gefärbt werden, so dass Knoten 5 nicht mehr zulässig gefärbt werden kann.

Damit ist der Teilgraph H nicht 2-listenfärbbar, womit $\mathrm{ch}(G(D)) \geq \mathrm{ch}(H) \geq 3$ folgt. Andererseits gilt $\mathrm{ch}(G(D)) \leq 3$ nach Satz 4.5, das heißt, $\mathrm{ch}(G(D)) = 3$.

Dieses Ergebnis kann auf beliebige ganzzahlige Distanzgraphen mit zweielementigen Distanzmengen verallgemeinert werden, indem Teilgraphen angegeben werden, die nicht 2-listenfärbbar sind.

Satz 4.8 (Kemnitz, Marangio [55]). *Für jeden ganzzahligen Distanzgraphen $G(D)$ mit $|D| = 2$ gilt $\mathrm{ch}(G(D)) = 3$.*

Beweis. Sei $D = \{x, y\}$ mit $x < y$. Im ganzzahligen Distanzgraphen $G(D)$ ist stets ein Teilgraph $P_2 \times P_3$ enthalten, etwa mit Knotenmenge $\{-y, x-y, 0, x, y, x+y\}$ (siehe Abbildung 4.3).

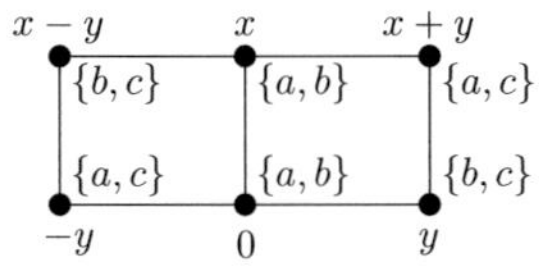

Abbildung 4.3: Der Graph $P_2 \times P_3$ als Teilgraph von $G(D)$

Aus [82] ist bekannt, dass dieser Teilgraph nicht 2-listenfärbbar ist: Sei f eine L-Listenfärbung von $P_2 \times P_3$, wobei die Listen $L(0) = L(x) = \{a, b\}$, $L(x-y) = L(y) = \{b, c\}$ und $L(-y) = L(x + y) = \{a, c\}$ der Länge 2 gegeben sind. Falls $f(0) = a$ gilt, so folgt $f(-y) = c$ und $f(x - y) = b$, und der Knoten x kann nicht mehr mit einer Farbe aus $L(x)$ gefärbt werden. Falls $f(0) = b$ gilt, so folgt $f(y) = c$ und $f(x + y) = a$, und wiederum kann der Knoten x nicht zulässig gefärbt werden.

Damit folgt $\mathrm{ch}(G(D)) \geq \mathrm{ch}(P_2 \times P_3) \geq 3$, und $\mathrm{ch}(G(D)) \leq |D| + 1 = 3$ gilt nach Satz 4.5, womit die Behauptung bewiesen wurde. □

Eine Folgerung aus diesem Satz ist, dass für ganzzahlige Distanzgraphen $G(D)$ mit mindestens zwei Elementen in der Distanzmenge stets $\mathrm{ch}(G(D)) \geq 3$ gilt. Dies stellt einen Unterschied zur chromatischen Zahl dar, bezüglich der es auch 2-färbbare Distanzgraphen zu einer beliebig großen Distanzmenge gibt, etwa Distanzmengen aus ausschließlich ungeraden Zahlen. Ebenfalls folgt, dass Distanzgraphen zu einelementigen Distanzmengen die einzigen mit listenchromatischer Zahl 2 sind.

In diesem Abschnitt wurde die listenchromatische Zahl aller Distanzgraphen mit höchstens zweielementiger Distanzmenge bestimmt. In den nächsten Abschnitten werden spezielle Distanzmengen mit drei Elementen sowie mit beliebig vielen Elementen behandelt.

4.2.1 Dreielementige Distanzmengen

Bei der Untersuchung der chromatischen Zahl von Distanzgraphen zu dreielementigen Distanzmengen spielten diejenigen Distanzgraphen eine besondere Rolle, die Dreiecke enthielten. Die zugehörigen Distanzmengen müssen zwei (nicht notwendigerweise verschiedene) Elemente und deren Summe enthalten, das heißt, es gilt $D = \{x, y, x + y\}$ bzw. $D = \{x, 2x, y\}$ mit $x, y \in \mathbb{N}$. Genauer gesagt gilt für $|D| = 3$ mit $\mathrm{ggT}(D) = 1$ genau dann $\chi(G(D)) = 4$, wenn $D = \{x, y, x + y\}$ mit $x \not\equiv y \pmod 3$ oder wenn $D = \{1, 2, y\}$ mit $y \equiv 0 \pmod 3$ gilt. Für alle anderen Distanzmengen D dieser Form gilt dagegen $\chi(G(D)) = 3$ (siehe Satz 3.26). Im Folgenden wird die listenchromatische Zahl aller ganzzahligen Distanzgraphen zu dreielementigen Distanzmengen dieser Art bestimmt.

Man betrachte zuerst $D = \{x, y, x + y\}$. Für $x \not\equiv y \pmod 3$ gilt $\chi(G(D)) = 4 \leq \mathrm{ch}(G(D)) \leq |D| + 1 = 4$, also $\mathrm{ch}(G(D)) = 4$. Dies lässt sich folgendermaßen verallgemeinern.

Satz 4.9 (Kemnitz, Marangio [55]). *Für* $D = \{x, y, x + y\} \subseteq \mathbb{N}$ *mit* $x \neq y$ *gilt* $\mathrm{ch}(G(D)) = 4$.

Beweis. Sei $D = \{x, y, x + y\} \subseteq \mathbb{N}$, $x \neq y$. Angenommen, es gelte $\mathrm{ch}(G(D)) \leq 3$. Man betrachte den durch die Knotenmenge $V = \{0, x + y, \ldots, 7x + 7y, x, 2x + y, \ldots, 7x + 6y, y, x + 2y, \ldots, 6x + 7y\}$ induzierten Teilgraphen $\langle V \rangle$ von $G(D)$ (siehe Abbildung 4.4).

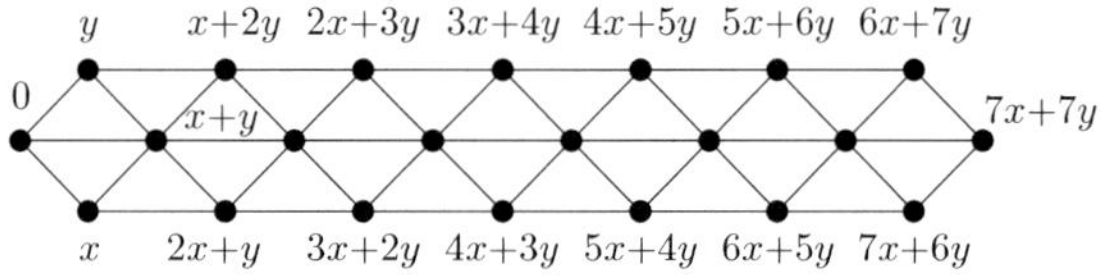

Abbildung 4.4: Ein Teilgraph von $G(\{x, y, x+y\})$

Sei L eine Listenzuweisung von $G(D)$ der Länge 3, die den Knoten aus V folgende Listen zuweist:

$$
\begin{aligned}
L(t(x+y)) &= \{a,b,c\} && \text{für } t=0,\dots,7,\\
L(t(x+y)+x) &= \{a,b,c\} && \text{für } t=0,\dots,6,\\
L(t(x+y)+y) &= \{a,b,d\} && \text{für } t=0,2,4,6,\\
L(t(x+y)+y) &= \{b,c,d\} && \text{für } t=1,3,5.
\end{aligned}
$$

Sei f eine L-Listenfärbung von $G(D)$. Die Knoten $0, x, x+y$ sind paarweise benachbart und müssen deshalb paarweise verschieden mit den Farben a, b, c gefärbt werden. Die Wahl der Listen erzwingt $f(2x+y) = f(0)$, da $f(2x+y) \neq f(x)$ und $f(2x+y) \neq f(x+y)$ gelten muss, sowie $f(2x+2y) = f(x)$, da $f(2x+2y) \neq f(x+y)$ und $f(2x+2y) \neq f(2x+y) = f(0)$ gelten muss, usw. Es gilt also $f(0) = f(3(x+y)) = f(6(x+y))$, $f(x+y) = f(4(x+y)) = f(7(x+y))$ und $f(2(x+y)) = f(5(x+y))$.

Falls $f(0) = a$, $f(x+y) = b$ und $f(2(x+y)) = c$ gilt, so ist $f(y) = d$, und der Knoten $x+2y$ kann nicht mehr mit einer Farbe aus seiner Liste $\{b,c,d\}$ gefärbt werden, was der Voraussetzung widerspricht, dass f eine L-Listenfärbung von $G(D)$ ist. Jede weitere Wahl der Farben a, b, c für die Knoten 0, $x+y$, $2(x+y)$ erzwingt $f(t(x+y)+y) = f((t+1)(x+y)+y) = d$ für ein bestimmtes t mit $1 \le t \le 5$, was wiederum der Voraussetzung widerspricht, da die Knoten $t(x+y)+y$ und $(t+1)(x+y)+y$ benachbart sind (siehe Tabelle 4.1).

0	$x+y$	$2(x+y)$	y	$x+2y$	$2x+3y$	$3x+4y$	$4x+5y$	$5x+6y$	$6x+7y$
	a,b,c		a,b,d	b,c,d	a,b,d	b,c,d	a,b,d	b,c,d	a,b,d
a	b	c	d	d					
a	c	b		d	d				
b	c	a			d	d			
c	b	a				d	d		
c	a	b					d	d	
b	a	c						d	d

Tabelle 4.1: Mögliche (partielle) L-Listenfärbungen von $G(\{x, y, x+y\})$

Es folgt $\operatorname{ch}(G(D)) \geq 4$, und $\operatorname{ch}(G(D)) \leq 4$ gilt nach Satz 4.5. □

Sei $G(D)$ ein ganzzahliger Distanzgraph zur dreielementigen Distanzmenge $D = \{x, 2x, y\}$, $x, y \in \mathbb{N}$, mit o.B.d.A. $\operatorname{ggT}(D) = \operatorname{ggT}(x, y) = 1$. Es werden zwei Fälle unterschieden: $x > 1$ oder $x = 1$.

Satz 4.10. *Für* $D = \{x, 2x, y\}$ *mit* $x > 1$ *und* $\operatorname{ggT}(x, y) = 1$ *gilt* $\operatorname{ch}(G(D)) = 4$.

Beweis. Sei $D = \{x, 2x, y\}$ mit $x > 1$ und $\mathrm{ggT}(x, y) = 1$. Hieraus folgt $y \neq x, 2x$, also $|D| = 3$.

Wegen $K_3 \subseteq G(D)$ gilt $\mathrm{ch}(G(D)) \geq 3$. Angenommen, $G(D)$ ist 3-listenfärbbar. Man betrachte die folgende Listenzuweisung L der Länge 3. Den Vielfachen von x seien gleiche Listen zugewiesen, $L(tx) = \{a, b, c\}$ für $t \in \mathbb{Z}$. Die Knoten $sx+y$ sind wegen $\mathrm{ggT}(x, y) = 1$ und $x > 1$ von den Knoten tx verschieden, man darf ihnen also folgende Listen zuweisen:

$$L(sx + y) = \begin{cases} \{a, d, e\}, & \text{falls } s \equiv 0 \pmod 4, \\ \{b, d, e\}, & \text{falls } s \equiv 1, 3 \pmod 4, \\ \{c, d, e\}, & \text{falls } s \equiv 2 \pmod 4. \end{cases}$$

Die Listen der übrigen Knoten von $G(D)$ seien beliebig gewählt.

Sei f eine L-Listenfärbung von $G(D)$. Die Listen $L(tx) = \{a, b, c\}$ für $t \in \mathbb{Z}$ erzwingen wegen $x, 2x \in D$ eine Zwangsfärbung dieser Knoten auf periodischer Weise, $f(tx) = f((t+3)x)$ für $t \in \mathbb{Z}$, wobei nur $3! = 6$ Permutationen der Farben möglich sind. Falls etwa $f(0) = a$, $f(x) = b$, $f(2x) = c$ gilt, so folgt entweder $f(y) = d$ und $f(x+y) = e$ oder $f(y) = e$ und $f(x + y) = d$. In beiden Fällen ist der Knoten $2x + y$ nicht mehr zulässig färbbar, da er zu y, $x + y$ und $2x$ benachbart ist.

Auf analoge Weise folgt ein Widerspruch für die Färbung der Knoten $0, x, 2x$ mit den Farben b, a, c ab Knoten $2x + y$, für c, a, b ab $4x + y$, für c, b, a ab $6x + y$, für b, c, a ab $8x + y$ und schließlich für a, c, b ab Knoten $10x + y$ (siehe Tabelle 4.2).

0 x $2x$	$sx + y$												
	s=0	1	2	3	4	5	6	7	8	9	10	11	12
a,b,c	a,d,e	b,d,e	c,d,e	b,d,e	a,d,e	b,d,e	c,d,e	b,d,e	a,d,e	b,d,e	c,d,e	b,d,e	a,d,e
a b c	d, e	e, d	?										
b a c			d, e	e, d	?								
c a b					d, e	e, d	?						
c b a							d, e	e, d	?				
b c a									d, e	e, d	?		
a c b											d, e	e, d	?

Tabelle 4.2: Mögliche (partielle) L-Listenfärbungen von $G(\{x, 2x, y\})$

Es folgt $\mathrm{ch}(G(D)) \geq 4$, und $\mathrm{ch}(G(D)) \leq 4$ gilt nach Satz 4.5. □

Es wird nun der Fall $x = 1$ untersucht, das heißt, die Distanzmengen $D = \{1, 2, y\}$ für $y \in \mathbb{N}$, $y > 2$. Auch in diesen Fällen nimmt die listenchromatische Zahl stets die obere Schranke 4 an. Zum Beweis dieser Aussage werden mehere Fälle unterschieden; der erste Satz wird analog zu Satz 4.10 bewiesen.

Satz 4.11 (Kemnitz, Marangio [54]). *Für $D = \{1, 2, y\}$ mit $y \geq 7$ gilt* $\mathrm{ch}(G(D)) = 4$.

Beweis. Angenommen, es gelte $\mathrm{ch}(G(D)) \leq 3$. Man setze $L(0) = L(1) = \ldots = L(6) = \{a, b, c\}$, $L(-y+2) = L(-y+6) = L(y) = L(y+4) = \{a, d, e\}$, $L(-y+1) = L(-y+3) = L(-y+5) = L(y+1) = L(y+3) = L(y+5) = \{b, d, e\}$, $L(-y) = L(-y+4) = L(y+2) = L(y+6) = \{c, d, e\}$ (siehe Tabelle 4.3).

0	1	2	3	4	5	6	y	$y+1$	$y+2$	$y+3$	$y+4$	$y+5$	$y+6$
			a,b,c				a,d,e	b,d,e	c,d,e	b,d,e	a,d,e	b,d,e	c,d,e
a	b	c					d,e	e,d	?				
b	a	c	b	a					d,e	e,d	?		
c	a	b	c	a	b	c					d,e	e,d	?

Tabelle 4.3: Mögliche (partielle) L-Listenfärbungen von $G(\{1,2,y\})$, $y \geq 7$

Gegeben sei eine L-Listenfärbung f des durch diese Knoten induzierten Teilgraphen von $G(D)$. Falls $f(0) = a$, $f(1) = b$, $f(2) = c$ gilt, so müssen die Knoten y und $y+1$ mit den Farben d und e gefärbt werden, womit der Knoten $y+2$ nicht mehr zulässig gefärbt werden kann, da er zu den Knoten 2, y und $y+1$ benachbart ist. Auf analoge Weise folgt ein Widerspruch für die Färbung der Knoten $0,1,2$ mit den Farben b,a,c ab Knoten $y+2$ und für c,a,b ab $y+4$ (siehe Tabelle 4.3). Die übrigen drei Färbungen werden durch Betrachten der Knoten $-y+6,\ldots,-y$ statt $y,\ldots,y+6$ zum Widerspruch geführt, für die Färbung der Knoten $0,1,2$ mit den Farben c,b,a ab Knoten $-y$, für b,c,a ab $-y+2$ und für a,c,b ab $-y+4$.

Jede Permutation der Farben a,b,c für die Knoten $0,1,2$ erzwingt also, dass drei paarweise benachbarte Knoten $\pm y+i$, $\pm y+i+1$ und $\pm y+i+2$ nur mit zwei Farben d und e gefärbt werden müssen, was nicht möglich ist. Es folgt $\operatorname{ch}(G(D)) \geq 4$, und $\operatorname{ch}(G(D)) \leq 4$ gilt nach Satz 4.5. □

Für $y = 6$ gilt $\chi(G(\{1,2,6\})) = 4$, also auch $\operatorname{ch}(G(\{1,2,6\})) = 4$. Damit sind nur noch die Fälle $y = 4$ und $y = 5$ offen, die in den folgenden Sätzen behandelt werden.

Satz 4.12 (Kemnitz, Marangio [54]). *Es gilt* $\operatorname{ch}(G(\{1,2,5\})) = 4$.

Beweis. Angenommen, es gelte $\operatorname{ch}(G(\{1,2,5\})) \leq 3$. Man betrachte den durch 23 aufeinanderfolgende Knoten (etwa $\{-11,-10,-9,-7,\ldots,7,9,10,11\}$) induzierten Teilgraphen und weise den Knoten folgende Listen zu: $L(0) = L(\pm 1) = L(\pm 5) = L(\pm 6) = \{a,b,c\}$, $L(\pm 2) = L(\pm 3) = \{b,c,d\}$, $L(\pm 4) = \{a,b,d\}$, $L(\pm 7) = \{a,c,d\}$, $L(\pm 9) = \{a,d,e\}$, $L(\pm 10) = \{c,d,e\}$, $L(\pm 11) = \{b,d,e\}$, und $L(\pm 8)$ sei beliebig gewählt (siehe Tabelle 4.4).

-1	0	1	2	3	4	5	6	7	8	9	10	11
a,b,c	a,b,c	a,b,c	b,c,d	b,c,d	a,b,d	a,b,c	a,b,c	a,c,d		a,d,e	c,d,e	b,d,e
a	b	c	d	b	?							
a	c	b	d	c	b	a	c	?				
b	a	c	b,d	d,b	a	c	b			d,e	e,d	?

Tabelle 4.4: Mögliche (partielle) L-Listenfärbungen von $G(\{1,2,5\})$

Die Knoten -1, 0, 1 mit gleichen Listen können auf $3! = 6$ verschiedene Arten gefärbt werden. Jede dieser Färbungen erzwingt eine Färbung der übrigen Knoten. In drei Fällen erhält man bei Fortführung der Färbung Knoten aus $2,\ldots,11$, die nicht zulässig gefärbt werden können (siehe Tabelle 4.4; man beachte, dass sich einer der Fälle in zwei Teilfälle aufteilt). Die restlichen drei Färbungen lassen sich auf analoger Weise durch Betrachten der Knoten $-11,\ldots,1$ statt $-1,\ldots,11$ behandeln. Demnach gilt $\operatorname{ch}(G(D)) \geq 4$, und $\operatorname{ch}(G(D)) \leq 4$ gilt nach Satz 4.5. □

Der Beweis des letzten offenen Falles, nämlich $D = \{1, 2, 4\}$ (siehe [54]), kann zu einem Widerspruchsbeweis für alle $y \equiv 1 \pmod 3$ verallgemeinert werden. Dies führt zu einer anderen Beweismethode, in der Distanzmengen abhängig von der Restklasse $y \bmod 3$ unterschieden werden.

Satz 4.13. *Es gilt* $\mathrm{ch}(G(\{1, 2, y\})) = 4$ *für* $y \equiv 1 \pmod 3$, $y \geq 4$.

Beweis. Sei $D = \{1, 2, y\}$, $y \equiv 1 \pmod 3$, $y \geq 4$, und es gelte $\mathrm{ch}(G(D)) \leq 3$.

Den Knoten $0, 1, 2, \ldots, y-2$ wird die gleiche Liste zugewiesen: $L(0) = L(1) = L(2) = \cdots = L(y-2) = \{a, b, c\}$. Man setze $L(-6) = L(-4) = \{a, b, c\}$, $L(-5) = \{a, b, d\}$, $L(-3) = L(-1) = L(y) = \{a, c, d\}$, $L(-2) = L(y-1) = L(y+1) = \{b, c, d\}$ (siehe Tabelle 4.5).

-6	-5	-4	-3	-2	-1	0	1	2	$y-1$	y	$y+1$
a,b,c	a,b,d	a,b,c	a,c,d	b,c,d	a,c,d	a,b,c	a,b,c	a,b,c	b,c,d	a,c,d	b,c,d
						a	b	c	d	?	
						c	b	a	c	d	?
					d	a	c	b	?		
			?	d	c	b	a	c			
				?	d	c	a	b			
c?	b	?,a	a,d	c	d,a	b	c	a			

Tabelle 4.5: Mögliche (partielle) L-Listenfärbungen von $G(\{1, 2, y\})$, $y \equiv 1 \pmod 3$

Sei f eine L-Listenfärbung der betrachteten Knoten. Wegen der Abstände $1, 2 \in D$ werden die Knoten $0, \ldots, y-2$ periodisch auf einer von $3! = 6$ möglichen Arten gefärbt, und es gilt $f(0) = f(3) = \cdots = f(y-4)$, $f(1) = f(4) = \cdots = f(y-3)$, $f(2) = f(5) = \cdots = f(y-2)$.

Falls etwa $f(0) = a$, $f(1) = b$ und $f(2) = c$ gilt, so folgt $f(y-1) = d$, und y kann nicht zulässig gefärbt werden. In analoger Weise folgt für vier weitere möglichen Färbungen ein Widerspruch (siehe Tabelle 4.5).

Man betrachte den letzten Fall $f(0) = b$, $f(1) = c$, $f(2) = a$. Angenommen, es gelte $f(-1) = d$, so folgt $f(-2) = c$, $f(-3) = a$ und der Knoten -4 kann nicht mit einer Farbe aus seiner Liste gefärbt werden, da er zu den Knoten $-3, -2$ und $y-4$ mit $f(y-4) = f(0) = b$ benachbart ist.

Also muss $f(-1) = a$ gelten. Dann folgt $f(-3) = d$, $f(-2) = c$, $f(-4) = a$, $f(-5) = b$ und $f(-6) = c$. Falls $y = 4$ gilt, so folgt ein Widerspruch zu $f(-2) = c$. Andernfalls ist $y \geq 7$. Wegen $1 \leq y-6 \leq y-2$ folgt $f(y-6) = f(1) = c$, ein Widerspruch zu $f(-6) = c$.

Es folgt $\mathrm{ch}(G(D)) \geq 4$, und $\mathrm{ch}(G(D)) \leq 4$ gilt nach Satz 4.5. □

Die vorangegangenen Sätze 4.11, 4.12 und 4.13 lassen sich folgendermaßen zusammenfassen.

Korollar 4.14 (Kemnitz, Marangio [54])**.** *Es gilt* $\mathrm{ch}(G(\{1, 2, y\})) = 4$ *für alle* $y \geq 3$.

Aus diesen Ergebnissen folgt, dass die einzigen 3-listenfärbbaren Distanzgraphen, die Dreiecke enthalten, die zur Distanzmenge $D = \{x, 2x\}$ sind. Man erhält also:

Korollar 4.15 (Kemnitz, Marangio [54]). *Falls* $|D| \geq 3$ *und* $K_3 \subseteq G(D)$ *gilt, so gilt* $\mathrm{ch}(G(D)) \geq 4$.

Beweis. Ein vollständiger Graph K_3 ist genau dann Teilgraph von $G(D)$, wenn $V(K_3) = \{v, v+x, v+x+y\}$ mit Abständen $x, y, x+y \in D$, $x \neq y$, oder wenn $V(K_3) = \{v, v+x, v+2x\}$ mit Abständen $x, 2x \in D$. Aus den Sätzen 4.9 und 4.10 sowie Korollar 4.14 folgt $\mathrm{ch}(G(D)) \geq 4$. □

Es stellt sich die Frage, ob es einen Distanzgraphen $G(D)$ mit einer 3-elementigen Distanzmenge D mit $\mathrm{ch}(G(D)) < 4$ gibt.

4.2.2 Distanzmengen größerer Mächtigkeit

In diesem Abschnitt werden einige Ergebnisse des vorhergehenden Abschnitts auf Distanzmengen größerer Mächtigkeit übertragen.

Der folgende Satz ist eine Verallgemeinerung von Satz 4.10.

Satz 4.16 (Kemnitz, Marangio [54]). *Sei* $D = \{x, 2x, \ldots, nx, y\}$ *mit* $x > 1$ *und* $\mathrm{ggT}(x, y) = 1$. *Dann gilt* $\mathrm{ch}(G(D)) = |D| + 1$.

Beweis. Die Knoten $0, x, \ldots, nx$ induzieren einen vollständigen Graphen K_{n+1} in $G(D)$, woraus $\mathrm{ch}(G(D)) \geq n+1 = |D|$ folgt. Angenommen, es gelte $\mathrm{ch}(G(D)) = |D|$.

Den Vielfachen von x wird die gleiche Liste mit $n+1$ Farben zugewiesen: $L(tx) = \{0, \ldots, n\}$ für $t \in \mathbb{Z}$. Die Abstände $x, \ldots, nx \in D$ erzwingen eine periodische Färbung f all dieser Knoten auf eine von $(n+1)!$ verschiedene Arten, wobei $f(tx) = f((t+n+1)x)$ für alle $t \in \mathbb{Z}$ gilt. Jede dieser Färbungen wird mit einer Permutation der Farben $0, \ldots, n$ identifiziert, etwa durch Auflistung der Farben $(f(0), f(x), \ldots, f(nx))$ der Knoten $0, x, \ldots, nx$.

Die Knoten $sx + y$ für $s \in \mathbb{Z}$ sind wegen $x > 1$ und $\mathrm{ggT}(x, y) = 1$ von den Vielfachen tx verschieden. Jeder der $(n+1)!$ Permutationen $\pi_i \in S_{n+1}$, $0 \leq i \leq (n+1)! - 1$, seien $n+1$ aufeinanderfolgende Knoten dieser Art zugewiesen, etwa $v_{i,r} = (i(n+1)+r)x + y$, $0 \leq r \leq n$, für die Permutation π_i, $0 \leq i \leq (n+1)! - 1$.

Dem Knoten $v_{i,r}$, $0 \leq i \leq (n+1)! - 1$, $0 \leq r \leq n$, wird die Liste $L(v_{i,r}) = \{\pi_i(r), n+1, \ldots, 2n\}$ zugewiesen. Die n Farben $n+1, \ldots, 2n$ sind in all diesen Listen gleich, während eine Farbe gemäß der zugehörigen Permutation π_i gewählt wird. Die Listen der übrigen Knoten seien beliebig gewählt.

Man betrachte eine L-Listenfärbung f von $G(D)$. Für jede der $(n+1)!$ möglichen Färbungen der Vielfachen von x, etwa gemäß der Permutation π_i, gibt es einen Abschnitt von $n+1$ aufeinanderfolgenden Knoten $v_{i,r}$, $0 \leq r \leq n$, so dass in der Liste jedes Knotens $v_{i,r}$ die Farbe des benachbarten Knotens $v_{i,r} - y = (i(n+1)+r)x$ auftaucht, $0 \leq r \leq n$. Dies bedeutet, dass zur zulässigen Färbung der $n+1$ Knoten $v_{i,0}, \ldots, v_{i,n}$ nur die n Farben $n+1, \ldots, 2n$ benutzt werden dürfen, was nicht möglich ist, da diese Knoten einen K_{n+1} in $G(D)$ induzieren.

Aus diesem Widerspruch und aus Satz 4.5 folgt $\mathrm{ch}(G(D)) = n+2 = |D|+1$. □

Für Distanzmengen $D = \{x, 2x, \ldots, nx, y\}$ mit $x > 1$ und $\mathrm{ggT}(x, y) = 1$ wird stets die maximale listenchromatische Zahl $\mathrm{ch}(G(D)) = |D| + 1$ erreicht. Andererseits gilt für die chromatische Zahl stets $\chi(G(D)) = |D|$ (siehe Satz 3.29).

Im Folgenden werden Distanzgraphen $G(D)$ zu Distanzmengen $D = \{x, 2x, \ldots, nx, y\}$ mit $x = 1$, d.h. zu $D = \{1, 2, \ldots, n, y\}$, betrachtet. In Korollar 4.14 wurde bereits der Fall $n = 2$ behandelt. Analog zum Beweis von Satz 4.16 lässt sich zeigen, dass die listenchromatische Zahl maximal ist, sofern y groß genug ist:

Satz 4.17 (Kemnitz, Marangio [54]). *Für* $D = \{1, 2, \ldots, n, y\}$, $y \geq \frac{n+1}{2}(n+1)!$, *gilt* $\mathrm{ch}(G(D)) = |D| + 1$.

Beweis. Die Knoten $0, 1, \ldots, n$ induzieren einen K_{n+1} in $G(D)$, woraus $\mathrm{ch}(G(D)) \geq n+1$ folgt. Angenommen, es gelte $\mathrm{ch}(G(D)) = n + 1 = |D|$. Man wähle einen Abschnitt von $\frac{n+1}{2}(n+1)!$ aufeinander folgenden Knoten, etwa $V_0 = \{0, 1, \ldots, \frac{n+1}{2}(n+1)! - 1\}$, und weise allen Knoten des Abschnitts die gleiche Farbliste zu: $L(v) = \{0, 1, \ldots, n\}$ für $v \in V_0$. Dies erzwingt eine periodische Färbung dieser Knoten auf eine von $(n+1)!$ verschiedenen Arten.

Weil $y \geq \frac{n+1}{2}(n+1)! - 1$ gilt, ist V_0 zu $V_y = \{y, y+1, \ldots, y + \frac{n+1}{2}(n+1)! - 1\}$ und zu $V_{-y} = \{-y, -y+1, \ldots, -y + \frac{n+1}{2}(n+1)! - 1\}$ disjunkt.

Man unterteile die $(n+1)!$ Permutationen π_i von $\{0, 1, \ldots, n\}$ und setze $v_{i,r} = y + i(n+1) + r \in V_y$ für $0 \leq i \leq \frac{1}{2}(n+1)! - 1$ und $0 \leq r \leq n$ sowie $v_{i,r} = -y + (i - \frac{1}{2}(n+1)!)(n+1) + r \in V_{-y}$ für $\frac{1}{2}(n+1)! \leq i \leq (n+1)! - 1$ und $0 \leq r \leq n$. Diesen Knoten seien die Listen $L(v_{i,r}) = \{\pi_i(r), n+1, \ldots, 2n\}$ zugewiesen, das heißt, die Liste $L(v_{i,r})$ enthält einerseits die Farbe des Nachbarknotens $v_{i,r} - y$ bzw. $v_{i,r} + y$ aus V_0 gemäß der ausgewählten Permutation, andererseits n weitere feste Farben $n+1, \ldots, 2n$.

Dann kann wie im Beweis von Satz 4.16 argumentiert werden: Für jede der $(n+1)!$ möglichen Färbungen der Knoten von V_0 gibt es $n+1$ aufeinanderfolgende und paarweise benachbarte Knoten $v_{i,0}, \ldots, v_{i,n}$ in V_y bzw. in V_{-y}, zu deren Färbung nur die n Farben $n+1, \ldots, 2n$ benutzt werden könnnen, was zu einem Widerspruch führt.

Es folgt $\mathrm{ch}(G(D)) \geq n+2$ und mit Satz 4.5 schließlich $\mathrm{ch}(G(D)) = n+2 = |D|+1$. □

Die Voraussetzung $y \geq \frac{n+1}{2}(n+1)!$ lässt sich durch geschicktes Auswählen der Listen abschwächen. Dies wurde etwa im Satz 4.11 benutzt, um einen Widerspruch für alle $y \geq 7$ (statt $y \geq 9$) zu erhalten.

Das Problem der Bestimmung einer günstigen Auswahl von Listen ist mit folgendem Problem verwandt (siehe [70], Folge A180632): Man bestimme die minimale Länge $l(p)$ eines Wortes über einem Alphabet mit p Buchstaben, welches jede Permutation der p Buchstaben als Teilwort der Länge p enthält. Die ersten bekannten Werte sind $l(0) = 0$, $l(1) = 1$, $l(2) = 3$, $l(3) = 9$, $l(4) = 33$, und es wird vermutet, dass $l(p) = \sum_{t=1}^{p} t!$ gilt. Zum Beispiel enthält das Wort 123121321 der Länge 9 die sechs Teilwörter 123, 231, 312, 213, 132 und 321, die den sechs Permutationen der Buchstaben $1, 2, 3$ entsprechen.

Soták [74] zeigte, dass für $D = \{1, 2, 3, 4t+1\}$ mit $t \in \mathbb{N}$ stets $\mathrm{ch}(G(D)) = 5$ gilt. Im Beweis wird die Annahme, dass $\mathrm{ch}(G(D)) \leq 4$ ist, für die Fälle $t = 1$, $t = 2$ und $t > 2$ zum Widerspruch gebracht.

Im Gegensatz hierzu ist die chromatische Zahl der Distanzgraphen zu $D = \{1,2, \ldots, n,y\}$ vollständig bestimmt (Satz 3.27): Es gilt $\chi(G(D)) = |D|$, falls $y \not\equiv 0 \pmod{n+1}$, sowie $\chi(G(D)) = |D| + 1$, falls $y \equiv 0 \pmod{n+1}$.

Aus den listenchromatischen Zahlen der betrachteten Distanzgraphen lässt sich folgende Vermutung aufstellen:

Vermutung 4.18. *Aus* $\omega(G(D)) \geq |D|$ *folgt* $\mathrm{ch}(G(D)) = |D| + 1$.

Somit müssen nach Satz 3.38 nur noch zwei offene Fälle behandelt werden, um die Vermutung zu beweisen oder zu widerlegen: $D = \{x, y, x+y, |y-x|\}$ mit $x \not\equiv y \pmod 2$ sowie $D = \{1, 2, \dots, n, y\}$ für $y < \frac{n+1}{2}(n+1)!$.

Es stellt sich die Frage, ob eine von der Mächtigkeit der Distanzmenge abhängige untere Schranke für die listenchromatische Zahl angegeben werden kann, welche die folgenden Ergebnisse verbessert.

Für $|D| \geq 2$ gilt $\mathrm{ch}(G(D)) \geq 3$, und für $|D| \geq 3$ gilt $\mathrm{ch}(G(D)) \geq 4$, sofern $K_3 \subseteq G(D)$ (Korollar 4.15).

Der folgende Satz von Alon [2] stellt einen Zusammenhang zwischen der listenchromatischen Zahl und dem Durchschnittsgrad eines Graphen her. Der Beweis wird mit probabilistischen Methoden geführt, wird jedoch hier nicht wiedergegeben.

Satz 4.19. (Alon [2]) *Sei $G = (V, E)$ ein Graph und $k \in \mathbb{N}$. Falls für den Durchschnittsgrad $\bar{d} = \frac{1}{|V|}\sum_{v \in V} d(v)$ von G die Ungleichung $\bar{d} > 4\binom{k^4}{k}\log\left(2\binom{k^4}{k}\right)$ gilt, so folgt $\mathrm{ch}(G) > k$.*

Dieser Satz wird auf ganzzahlige Distanzgraphen $G(D)$ angewendet. Sei T_n der durch die Knoten $0, \dots, n$ induzierte Teilgraph von $G(D)$. Der Durchschnittsgrad von T_n ist kleiner als der Grad $2\,|D|$ des regulären Graphen $G(D)$, kommt mit wachsendem n jedoch beliebig nahe an diese Schranke. Nach Satz 4.19 folgt, dass für Distanzmengen D mit $|D| > 2\binom{k^4}{k}\log\left(2\binom{k^4}{k}\right)$ endliche Teilgraphen $T_n \subset G(D)$ mit $\mathrm{ch}(T_n) > k$ existieren, womit auch $\mathrm{ch}(G(D)) > k$ folgt. Eine Folgerung aus diesem Ergebnis ist, dass die listenchromatische Zahl $\mathrm{ch}(G(D))$ mit wachsender Mächtigkeit von D unbeschränkt wächst.

Bereits für $k = 2$ muss die Distanzmenge über 500 Elemente enthalten, damit nach Satz 4.19 $\mathrm{ch}(G(D)) \geq 3$ folgt. Andererseits ist schon für alle zweielementigen Distanzmengen D die listenchromatische Zahl $\mathrm{ch}(G(D)) = 3$.

Es stellt sich die Frage nach besseren unteren Schranken, welche den Aufbau der Distanzgraphen ausnutzen. Ein möglicher Ansatz ist die Untersuchung gewisser Teilgraphen von $G(D)$. So ist zum Beispiel der 2-dimensionale Würfelgraph $Q_2 \cong C_4$ in jedem Distanzgraphen $G(D)$ mit $|D| = 2$ enthalten, der 3-dimensionale Würfelgraph Q_3 in jedem Distanzgraphen $G(D)$ mit $|D| = 3$ und $D \neq \{x, y, x+y\}$, usw., wobei jedoch mit wachsender Dimension es immer mehr Ausnahmen gibt. Durch Bestimmung der listenchromatischen Zahl dieser Teilgraphen erhält man untere Schranken für die listenchromatische Zahl von $G(D)$.

4.2.3 (a, b)-Listenfärbungen

Erdős, Rubin und Taylor [35] verallgemeinerten die Definition von Listenfärbungen, indem den Knoten anstatt einzelnen Farben Teilmengen aus den gegebenen Listen zugewiesen werden.

Definition 4.20. Seien G ein Graph, L eine Listenzuweisung von Listen zu den Knoten von G und $a, b \in \mathbb{N}$ natürliche Zahlen.

Eine *L-zulässige b-Mengenfärbung* F von G ist eine Zuweisung von Farbmengen $F(v) \subseteq L(v)$ mit $|F(v)| = b$ zu den Knoten v von G, so dass für je zwei benachbarte Knoten $u, w \in V(G)$ stets $F(u) \cap F(w) = \emptyset$ gilt.

Der Graph G heißt (L, b)-*listenfärbbar*, falls eine L-zulässige b-Mengenfärbung existiert, und (a, b)-*listenfärbbar*, falls er für jede Listenzuweisung L mit $|L(v)| \geq a$ für alle $v \in V(G)$ stets (L, b)-listenfärbbar ist.

Aus dieser Definition folgt, dass ein Graph G genau dann $(L, 1)$-listenfärbbar ist, wenn er L-listenfärbbar ist, und er ist genau dann $(k, 1)$-listenfärbbar, wenn er k-listenfärbbar ist.

Beispiel 4.21. Sei G ein (a, b)-listenfärbbarer Graph. Aus der Definition folgt dann $a \geq b$. Falls die Kantenmenge $E(G)$ nichtleer ist, so muss $a \geq 2b$ gelten, da für benachbarte Knoten disjunkte Farbmengen der Mächtigkeit b benötigt werden.

Falls die Kantenmenge $E(G)$ leer ist, so ist der Graph (a, b)-listenfärbbar für jedes $a \geq b$, da man jedem Knoten eine Farbmenge aus b beliebigen Farben der gegebenen eigenen Liste zuweisen darf. Insbesondere ist ein solcher Graph (b, b)-listenfärbbar für jedes $b \in \mathbb{N}$.

Die Autoren stellten folgende Vermutung über diese Varianten der listenchromatischen Zahl auf, die jedoch bis heute nicht allgemein bewiesen wurde.

Vermutung 4.22. (Erdős, Rubin, Taylor [35]) *Ist ein Graph (a, b)-listenfärbbar, so ist er auch (am, bm)-listenfärbbar für alle $m \in \mathbb{N}$.*

Speziell würde hieraus folgen, dass jeder a-listenfärbbare Graph auch (am, m)-listenfärbbar für alle $m \in \mathbb{N}$ ist.

Der Satz von de Bruijn und Erdős (Satz 3.18) wurde in [24] mit Hilfe des folgenden Satzes von Rado [65] bewiesen.

Satz 4.23 (Rado [65])**.** *Seien V und F beliebige Mengen. Zu jedem $v \in V$ gehöre eine endliche Teilmenge $F_v \subseteq F$. Zu jeder endlichen Teilmenge $N \subseteq V$ existiere eine Auswahlfunktion $x_N : N \to F$, $x_N(v) \in F_v$. Dann gibt es eine Auswahlfunktion $x : V \to F$, $x(v) \in F_v$, mit folgender Eigenschaft: Ist K eine endliche Teilmenge von V, so gibt es eine endliche Teilmenge N, $K \subseteq N \subseteq V$, so dass x mit x_N auf K übereinstimmt, das heißt, es gilt $x(v) = x_N(v)$ für alle $v \in K$.*

Die Beweisidee aus [24] lässt sich unmittelbar auf (a, b)-listenfärbbare Graphen übertragen.

Satz 4.24. *Seien $a, b \in \mathbb{N}$ und G ein Graph, dessen endliche (knoteninduzierte) Teilgraphen alle (a, b)-listenfärbbar sind. Dann ist G selbst (a, b)-listenfärbbar.*

Beweis. Sei $G = (V, E)$ ein Graph. Zu jedem Knoten $v \in V$ seien beliebige Listen $L(v)$ der Länge $|L(v)| \geq a$ gegeben. Es sei $F_v = \binom{L(v)}{b} = \{C : C \subseteq L(v), |C| = b\}$ die Menge aller b-Teilmengen von $L(v)$ und $F = \bigcup_{v \in V} F_v$.

Zu jeder endlichen Knotenmenge $N \subseteq V$ gehört der endliche, durch N induzierte Teilgraph $\langle N \rangle$. Nach Voraussetzung ist dieser Teilgraph (a, b)-listenfärbbar, so dass eine zulässige (L, b)-Listenfärbung x_N existiert, für die $x_N(v) \in F_v$ für alle $v \in N$ gilt.

Damit sind die Voraussetzungen von Satz 4.23 erfüllt, es existiert also eine Abbildung $x : V \to F$, $x(v) \in F_v$, mit der oben angegebenen Eigenschaft.

Betrachtet man eine beliebige Kante $K = \{u, w\} \in E$, so existiert nach Satz 4.23 ein N mit $K \subseteq N \subseteq V$, für den $x(u) = x_N(u)$, $x(w) = x_N(w)$ und $x_N(u) \cap x_N(w) = \emptyset$ gilt, da K eine Kante in $\langle N \rangle$ und x_N eine zulässige (L, b)-Listenfärbung ist. Damit ist x eine zulässige (L, b)-Listenfärbung von G. $\square$

Wird in Satz 4.24 der Wert $b = 1$ eingesetzt, so erhält man Satz 4.3, da die $(a, 1)$-listenfärbbaren Graphen genau die a-listenfärbbaren Graphen sind.

Wie von Voigt [82] bemerkt, ist es eine grundlegende Idee im Zusammenhang mit Listenfärbungen, die Knoten des gegebenen Graphen in einer geeigneten Reihenfolge zu färben.

Lemma 4.25. (Voigt [82]) *Sei G ein Graph mit n Knoten, k eine natürliche Zahl und $v_1, \dots, v_n$ die geordnete Folge der Knoten von G, so dass für jedes i mit $1 \leq i \leq n$ die Anzahl der Nachbarn von v_i im Bereich $v_1, \dots, v_{i-1}$ höchstens k ist. Dann ist G $((k+1)m, m)$-listenfärbbar für jedes $m \in \mathbb{N}$, insbesondere also $(k+1)$-listenfärbbar.*

Beweis. Gegeben sei eine Listenzuweisung L von G, die jedem Knoten eine Liste mit mindestens $(k + 1)m$ Farben zuweist. Die Knoten des Graphen G werden in der oben angegebenen Reihenfolge gefärbt. Man betrachte den Knoten v_i, $1 \leq i \leq n$, wobei die Knoten $v_1, \dots, v_{i-1}$ bereits gefärbt seien. Nach Voraussetzung sind höchsten k Nachbarn von v_i bereits gefärbt, so dass höchstens km Farben aus der Liste von v_i bereits verbraucht sind. Enthält die Liste $L(v_i)$ mindestens $(k + 1)m$ Farben, so können aus den restlichen Farben m ausgewählt werden, um den Knoten v_i zu färben. Induktiv folgt die Behauptung. □

Dieses Ergebnis gilt auch für unendliche Graphen; mit Hilfe der Definition der Färbungszahl lässt es sich unmittelbar auf beliebige Graphen G mit endlicher Färbungszahl $\mathrm{col}(G)$ übertragen.

Korollar 4.26. *Sei G ein Graph mit Färbungszahl $\mathrm{col}(G) \in \mathbb{N}$. Der Graph G ist dann $(\mathrm{col}(G)m, m)$-listenfärbbar für jedes $m \in \mathbb{N}$.*

Beweis. Die Aussage ist trivial für Graphen ohne Kanten (siehe Beispiel 4.21). Andernfalls gilt $k = \mathrm{col}(G) - 1 \in \mathbb{N}$. Sei H ein beliebiger endlicher Teilgraph von G, dessen Knoten entsprechend der Färbungszahl $\mathrm{col}(G)$ angeorndet sind. Nach Lemma 4.25 ist der Graph H dann $(\mathrm{col}(G)m, m)$-listenfärbbar für jedes $m \in \mathbb{N}$. Aus Satz 4.24 foglt, dass der Graph G ebenfalls $(\mathrm{col}(G)m, m)$-listenfärbbar für jedes $m \in \mathbb{N}$ ist. □

Die Methode aus Lemma 4.25 wurde etwa in Beweisen von Satz 3.23 und Satz 4.5 angewandt, um eine obere Schranke für die chromatische bzw. listenchromatische Zahl ganzzahliger Distanzgraphen zu bestimmen. Für (a, b)-Listenfärbungen erhält man das folgende Ergebnis.

Satz 4.27. *Jeder ganzzahlige Distanzgraph $G(D)$ mit $D \subseteq \mathbb{N}$ endlich ist $((|D|+1)m, m)$-listenfärbbar für jedes $m \in \mathbb{N}$.*

Beweis. Für die Färbungszahl von $G(D)$ mit $D \subseteq \mathbb{N}$ endlich gilt $\mathrm{col}(G(D)) = |D|+1 \in \mathbb{N}$ (siehe Korollar 3.55). Werden die Knoten in der Reihenfolge $0, 1, -1, 2, -2, \dots$ angeordnet, so liegen nämlich höchstens $|D|$ Nachbarn eines jeden Knotens vor dem Knoten, nämlich entweder nur kleinere oder nur größere Knoten. Aus Korollar 4.26 folgt dann die Behauptung. □

Speziell für $m = 1$ ergibt sich Satz 4.5 als Korollar.

Beispiel 4.28. Der ganzzahlige Distanzgraph $G(\emptyset)$ ist (m,m)-listenfärbbar für jedes $m \in \mathbb{N}$, was aus Satz 4.27 folgt. Dies wurde bereits in Beispiel 4.21 bewiesen, da $G(\emptyset)$ keine Kanten enthält.

Die ganzzahligen Distanzgraphen $G(D)$ mit einelementiger Distanzmenge $D = \{d\}$, $d \in \mathbb{N}$, sind nach Satz 4.27 $(2m,m)$-listenfärbbar für jedes $m \in \mathbb{N}$.

Die in [35] aufgestellte Vermutung 4.22 wirft die Frage auf, ob jeder (a,b)-listenfärbbarer Graph auch (am,bm)-listenfärbbar ist, wobei m eine beliebige natürliche Zahl ist. Im Folgenden wird gezeigt, dass aus dieser Vermutung folgt, dass $\mathrm{ch}(H_1 \cup H_2) \leq \mathrm{ch}(H_1)\,\mathrm{ch}(H_2)$ für die (nichtdisjunkte) Vereinigung von Graphen gilt. Durch Übertragung auf Vereinigungen endlich vieler Graphen erhält man folgende Vermutung.

Vermutung 4.29. *Für die nichtdisjunkte Vereinigung $G = H_1 \cup H_2 \cup \ldots \cup H_r$ von Graphen gilt*

$$\mathrm{ch}(G) \leq \mathrm{ch}(H_1)\,\mathrm{ch}(H_2) \ldots \mathrm{ch}(H_r).$$

Um nicht auf Vermutung 4.22 zurückgreifen zu müssen, wird der folgende Satz mit der Voraussetzung formuliert, dass H_1 (k_1k_2, k_2)-listenfärbbar statt k_1-listenfärbbar ist. Man beachte, dass die erste Bedingung aus der zweiten folgt, sollte Vermutung 4.22 richtig sein.

Satz 4.30. *Der Graph H_1 sei (k_1k_2, k_2)-listenfärbbar und H_2 sei k_2-listenfärbbar. Dann ist $G = H_1 \cup H_2$ ein k_1k_2-listenfärbbarer Graph.*

Beweis. Ohne Beschränkung der Allgemeinheit seien die Graphen H_1 und H_2 aufspannende Teilgraphen von G. Gegeben seien Listen $L(v)$ mit mindestens k_1k_2 Farben für jeden Knoten $v \in V(G)$. Nach Voraussetzung ist H_1 (k_1k_2, k_2)-listenfärbbar, das heißt, für jeden Knoten $v \in V(G)$ kann eine Farbmenge $F(v) \subseteq L(v)$ der Mächtigkeit k_2 ausgewählt werden, so dass die Farbmengen von zwei in H_1 benachbarten Knoten disjunkt sind.

Die Farbmengen $F(v)$ werden als Listen der Knoten von H_2 aufgefasst. Der Graph H_2 ist k_2-listenfärbbar, also existiert eine F-Listenfärbung f, bezüglich der in H_2 benachbarte Knoten verschieden gefärbt sind.

Diese Färbung f ist eine zulässige L-Listenfärbung von G, denn es gilt $f(v) \in F(v) \subseteq L(v)$ für jeden Knoten $v \in V(G)$. Sei eine beliebige Kante $xy \in E(G)$ gegeben. Entweder ist $xy \in E(H_1)$, womit $F(x) \cap F(y) = \emptyset$ und damit $f(x) \neq f(y)$ folgt, oder es ist $xy \in E(H_2)$, womit $f(x) \neq f(y)$ nach Konstruktion von f folgt. □

Durch Induktion lässt sich diese Aussage auf endliche Vereinigungen übertragen.

Korollar 4.31. *Sei $G = H_1 \cup \cdots \cup H_r$ ein Graph, H_i sei $(k_i \ldots k_r, k_{i+1} \ldots k_r)$-listenfärbbar für $1 \leq i \leq r-1$ und H_r sei k_r-listenfärbbar. Dann ist G ein $k_1 \ldots k_r$-listenfärbbarer Graph.*

Schließlich erhält man aus Korollar 4.31, dass Vermutung 4.29 aus Vermutung 4.22 folgt.

Korollar 4.32. *Es gelte Vermutung 4.22. Dann gilt $\mathrm{ch}(H_1 \cup \cdots \cup H_r) \leq \mathrm{ch}(H_1) \cdots \mathrm{ch}(H_r)$, also Vermutung 4.29.*

Dieses Ergebnis wird auf ganzzahlige Distanzgraphen angewendet, indem nicht beliebige Teilgraphen eines Distanzgraphen betrachtet werden, sondern nur solche, die durch Teilmengen der Distanzmenge erzeugt werden.

Gegeben sei ein Distanzgraph $G(D)$ mit Distanzmenge $D = D_1 \cup D_2$. Nach Vermutung 4.29 gilt dann $\operatorname{ch}(G(D)) \leq \operatorname{ch}(G(D_1)) \operatorname{ch}(G(D_2))$.

Betrachtet man Distanzgraphen $G(D_2)$ mit einelementigen Distanzmengen $D_2 = \{d\}$, so kann dieses Ergebnis wegen Satz 4.27 bewiesen werden, ohne die Vermutung zu benutzen.

Korollar 4.33. *Es gilt* $\operatorname{ch}(G(D_1 \cup \{d\})) \leq 2 \operatorname{ch}(G(D_1))$.

Beweis. Aus Satz 4.27 folgt, dass ganzzahlige Distanzgraphen $G(\{d\})$ zu einelementigen Distanzmengen $(2m, m)$-listenfärbbar für jedes $m \in \mathbb{N}$ sind, insbesondere sind sie also $(2 \operatorname{ch}(G(D_1)), \operatorname{ch}(G(D_1)))$-listenfärbbar. Aus Satz 4.30 folgt sofort die Behauptung. □

Es folgt also, dass bei einer Erweiterung der Distanzmenge um ein Element die listenchromatische Zahl höchstens verdoppelt wird.

4.3 Listenchromatische Zahlen reeller Distanzgraphen

Einige Ergebnisse über die listenchromatische Zahl ganzzahliger Distanzgraphen lassen sich auf reelle Distanzgraphen übertragen. Zum Beispiel kann das Ergebnis von Satz 4.5 verallgemeinert werden, indem gezeigt wird, dass $|D| + 1$ eine obere Schranke für die listenchromatischen Zahlen beliebiger Distanzgraphen $G(S, D)$ mit $S \subseteq \mathbb{R}$ und endlichem $D \subseteq \mathbb{R}^+$ ist.

Satz 4.34 (Kemnitz, Marangio [56]). *Für endliche* $D \subseteq \mathbb{R}^+$ *und* S *mit* $\emptyset \neq S \subseteq \mathbb{R}$ *gilt*

$$\operatorname{ch}(G(S, D)) \leq |D| + 1.$$

Beweis. Sei H ein endlicher Teilgraph von $G(S, D)$ und H' ein beliebiger Teilgraph von H, $H' \subseteq H$. Der kleinste Knoten $v = \min V(H')$ ist zu höchstens $|D|$ Knoten benachbart, woraus folgt, dass H ein $|D|$-degenerierter Graph ist. Nach Lemma 4.2 gilt

$$\operatorname{ch}(H) \leq \operatorname{col}(H) = \max_{H' \subseteq H} \delta(H') + 1 \leq |D| + 1 < \infty,$$

woraus $\operatorname{ch}(G(S, D)) \leq |D| + 1$ nach Satz 4.3 folgt. □

Analog zum Satz 4.5 folgt hieraus, dass für Distanzgraphen $G(S, D)$ mit $\chi(G(S, D)) = |D| + 1$ auch $\operatorname{ch}(G(S, D)) = |D| + 1$ gilt, zum Beispiel für $G(\mathbb{R}, D)$ mit $|D| \leq 1$.

Einige weitere Ergebnisse für ganzzahlige Distanzgraphen $G(\mathbb{Z}, D)$ lassen sich unmittelbar auf Distanzgraphen $G(\mathbb{R}, D)$ übertragen, da auch diese Teilgraphen enthalten, die nicht $|D|$-listenfärbbar sind.

Korollar 4.35. *Für Distanzgraphen* $G(\mathbb{R}, D)$ *mit* $|D| = 2$ *gilt* $\operatorname{ch}(G(\mathbb{R}, D)) = 3$.

Beweis. Sei $D = \{x, y\}$ mit $x < y$. Analog zum Beweis von Satz 4.8 enthält $G(\mathbb{R}, D)$ den Teilgraphen $P_2 \times P_3$, etwa mit Knoten $-y < x - y < 0 < x < y < x + y$, also folgt $3 \leq \operatorname{ch}(P_2 \times P_3) \leq \operatorname{ch}(G(\mathbb{R}, D))$, und $\operatorname{ch}(G(\mathbb{R}, D)) \leq |D| + 1 = 3$ gilt nach Satz 4.34. □

Korollar 4.36. *Für* $D = \{x, y, x+y\} \subseteq \mathbb{R}^+$ *mit* $x \neq y$ *gilt* $\operatorname{ch}(G(\mathbb{R}, D)) = 4$.

Beweis. Sei $D = \{x, y, x+y\} \subseteq \mathbb{R}^+$ mit $x \neq y$. Der durch die Knotenmenge $V = \{0, x+y, \ldots, 7x+7y,\ x, 2x+y, \ldots, 7x+6y, y, x+2y, \ldots, 6x+7y\}$ induzierte Teilgraph $\langle V \rangle$ von $G(\mathbb{R}, D)$ ist nach dem Beweis von Satz 4.9 nicht 3-listenfärbbar, also gilt $4 \leq \operatorname{ch}(\langle V \rangle) \leq \operatorname{ch}(G(\mathbb{R}, D)) \leq |D| + 1 = 4$ nach Satz 4.34. □

Korollar 4.37. *Für* $D = \{x, 2x, \ldots, nx, y\} \subseteq \mathbb{R}^+$ *mit* $n \in \mathbb{N}$ *und* $y \notin \{x, 2x, \ldots, nx\}$ *gilt* $\operatorname{ch}(G(\mathbb{R}, D)) = |D| + 1 = n + 2$, *falls* $y' = y/x \notin \mathbb{N}$ *oder* $y' \in \mathbb{N}$ *mit* $y' \geq \frac{n+1}{2}(n+1)!$ *gilt.*

Beweis. Sei $y' = y/x$. Falls $y' \notin \mathbb{N}$ gilt, so ist $G(\mathbb{R}, D)$ isomorph zu $G(\mathbb{R}, D')$ mit $D' = \frac{2}{x} D = \{2d/x : d \in D\} = \{2, 4, \ldots, 2n, 2y'\}$. Aus $y' \notin \mathbb{N}$ folgt $2y' \notin \mathbb{N}$ oder $2y' = 2m + 1 \in \mathbb{N}$; in beiden Fällen sind die Knoten $2t$ mit $t \in \mathbb{Z}$ von den Knoten $2s + 2y'$ mit $s \in \mathbb{Z}$ verschieden; analog zum Beweis von Satz 4.16 enthält der Distanzgraph $G(\mathbb{R}, D')$ einen nicht $|D|$-listenfärbbaren Teilgraphen, woraus $\operatorname{ch}(G(\mathbb{R}, D)) = \operatorname{ch}(G(\mathbb{R}, D')) \geq |D| + 1$ folgt. Mit Satz 4.5 folgt die Gleichheit.

Falls $y' \in \mathbb{N}$ gilt, so ist der Distanzgraph $G(\mathbb{R}, D)$ isomorph zu $G(\mathbb{R}, D'')$ mit $D'' = \{d/x : d \in D\} = \{1, 2, \ldots, n, y'\} \subseteq \mathbb{N}$, der aus paarweise zueinander isomorphen Kopien von $G(\mathbb{Z}, D'')$ besteht. Die Isomorphien und Satz 4.17 implizieren $\operatorname{ch}(G(\mathbb{R}, D)) = \operatorname{ch}(G(\mathbb{R}, D'')) = \operatorname{ch}(G(\mathbb{Z}, D'')) = |D| + 1$ für $y' \geq \frac{n+1}{2}(n+1)!$. □

Korollar 4.38. *Für* $D = \{1, 2, y\}$ *mit* $y \in \mathbb{R}^+ \setminus \{1, 2\}$ *gilt* $\operatorname{ch}(G(\mathbb{R}, D)) = 4$.

Beweis. Für $y \notin \mathbb{N}$ folgt das Ergebnis unmittelbar aus Korollar 4.37 mit $x = 1$ und $n = 2$. Für $y \in \mathbb{N}$, $y \geq 3$, gilt $\operatorname{ch}(G(\mathbb{Z}, D)) = 4$ nach Korollar 4.14, also folgt $\operatorname{ch}(G(\mathbb{R}, D)) = \operatorname{ch}(G(\mathbb{Z}, D)) = 4$ analog zum Beweis von Korollar 4.37. □

4.4 Listenchromatische Zahlen n-dimensionaler Distanzgraphen

Im Gegensatz zu den chromatischen Zahlen sind die listenchromatischen Zahlen n-dimensionaler Distanzgraphen $\operatorname{ch}(G(\mathbb{R}^n, \{1\}))$ vollständig bestimmt: Es gilt $\operatorname{ch}(G(\mathbb{R}^n, \{1\})) = 2$ für $n = 1$ und $\operatorname{ch}(G(\mathbb{R}^n, \{1\})) = \infty$ für $n \geq 2$ (siehe Jensen, Toft [44]), da $G(\mathbb{R}^n, \{1\})$ für $n \geq 2$ beliebige Würfelgraphen Q_m mit $m \in \mathbb{N}$ als Teilgraphen enthält, deren listenchromatische Zahlen nach Satz 4.19 nicht beschränkt sind. Schmerl [69] zeigte sogar, dass $\operatorname{ch}(G(\mathbb{R}^n, \{1\}))$ abzählbar unendlich ist für $n = 2$ und $n = 3$.

Dies lässt sich unmittelbar auf beliebige einelementige Distanzmengen übertragen, da $G(\mathbb{R}^n, D) \cong G(\mathbb{R}^n, xD)$ für $x \in \mathbb{R}^+$ gilt (Lemma 3.56), es gilt also $\operatorname{ch}(G(\mathbb{R}^n, \{x\})) = \operatorname{ch}(G(\mathbb{R}^n, \{1\}))$.

Ein analoges Ergebnis erhält man, wenn statt des euklidischen Raumes wieder $\mathcal{M}_n = (\mathbb{R}^n, \|\cdot\|_\infty)$ betrachtet wird (vgl. Abschnitt 3.5): Es sei $G_n = G_{\mathcal{M}_n}(\mathbb{R}^n, \{1\}) = (\mathbb{R}^n, E_n)$ mit $E_n = \{xy : x, y \in \mathbb{R}^n, \|x - y\|_\infty = 1\}$. Dann gilt $\operatorname{ch}(G_1) = 2$ und $\operatorname{ch}(G_n) = \infty$ für $n \geq 2$, da auch hier $Q_m \subseteq G_n$ für $n \geq 2$ und $m \in \mathbb{N}$ gilt.

Im Folgenden wird Satz 4.3 benutzt, um analog zu Korollar 3.59 eine obere Schranke für die listenchromatische Zahl spezieller Distanzgraphen $G(S, D)$ mit endlichem Maximalgrad zu bestimmen, deren Knotenmengen S die Symmetrieeigenschaft $(*)$ erfüllen (siehe auch Seite 37):

$$\forall x, y \in S : (x \sim y \implies 2x - y \in S). \qquad (*)$$

Korollar 4.39. *Sei $D \subseteq \mathbb{R}^+$, S mit $\emptyset \neq S \subseteq \mathbb{R}^n$ erfülle die Symmetrieeigenschaft $(*)$, und $\Delta(G(S, D))$ sei endlich. Dann gilt*

$$\mathrm{ch}(G(S, D)) \leq \Delta(G(S, D))/2 + 1.$$

Beweis. Nach Lemma 3.58 ist jeder endliche Teilgraph H von $G(S, D)$ $(\Delta(G(S, D))/2)$-degeneriert, es gilt also $\mathrm{ch}(H) \leq \mathrm{col}(H) \leq \Delta(G(S, D))/2 + 1 < \infty$ nach Lemma 4.2. Aus Satz 4.3 folgt $\mathrm{ch}(G(S, D)) \leq \Delta(G(S, D))/2 + 1$. □

Für $n = 1$ erhält man als Korollar das Ergebnis von Satz 4.34: Es gilt $\Delta(G(\mathbb{R}, D)) = 2\,|D| < \infty$ und $\mathbb{R}$ erfüllt die Eigenschaft $(*)$, also folgt $\mathrm{ch}(G(\mathbb{R}, D)) \leq \Delta(G(S, D))/2+1 = |D| + 1$ nach Korollar 4.39. Damit gilt für jedes S mit $\emptyset \neq S \subseteq \mathbb{R}$ die Ungleichung $\mathrm{ch}(G(S, D)) \leq \mathrm{ch}(G(\mathbb{R}, D)) \leq |D| + 1$.

Beispiel 4.40. Man betrachte den Distanzgraphen $G(\mathbb{Z}^2, \{1\})$, der ein unendliches Quadrat-Gitter bildet (siehe Abbildung 2.1). Die Knotenmenge $S = \mathbb{Z}^2$ erfüllt die Bedingung $(*)$, da mit $x, y \in \mathbb{Z}^2$ auch stets $2x - y \in \mathbb{Z}^2$ gilt, und der Maximalgrad beträgt 4, also folgt $\mathrm{ch}(G(\mathbb{Z}^2, \{1\})) \leq 3$ nach Korollar 4.39. Andererseits gilt $P_2 \times P_3 \subseteq G(\mathbb{Z}^2, \{1\})$ mit $\mathrm{ch}(P_2 \times P_3) = 3$ (siehe Beweis von Satz 4.8), daher folgt $\mathrm{ch}(G(\mathbb{Z}^2, \{1\})) = 3$.

Bemerkung 4.41. Die Knotenmenge $S = \mathbb{Z}^n$ erfüllt ebenfalls die Bedingung $(*)$, das heißt, die chromatischen und die listenchromatischen Zahlen von $G(\mathbb{Z}^n, D)$ lassen sich nach oben durch $\Delta(G(\mathbb{Z}^n, D))/2+1$ abschätzen, jedoch ist die Bestimmung des Maximalgrades im Allgemeinen nicht einfach.

Jede der möglichen Darstellungen von d^2 als Summe von Quadraten, $d^2 = d_1^2 + \ldots + d_k^2$ mit $1 \leq k \leq n$, $d \in D$, $d_i \in \mathbb{Z}$ für $1 \leq i \leq k$, erzeugt Nachbarn von $v = (v_1, \ldots, v_n)$ in $G(\mathbb{Z}^n, D)$, indem man die k (möglicherweise gleichen) Zahlen $d_i \in \mathbb{Z}$ beliebig auf die n Koordinaten v_j verteilt und zu diesen addiert.

Beispiel 4.42. Man betrachte die einelementige Distanzmenge $D = \{2\}$. Es gibt im wesentlichen zwei verschiedene Darstellungen von $2^2 = 4$ als Summe von Quadraten: $2^2 = (\pm 2)^2$ sowie $2^2 = (\pm 1)^2 + (\pm 1)^2 + (\pm 1)^2 + (\pm 1)^2$.

Mit der ersten Darstellung erhält man in $G(\mathbb{Z}^n, \{2\})$ genau $2n$ Nachbarn eines beliebigen Knotens $v = (v_1, \ldots, v_n) \in \mathbb{Z}^n$, da 2 zu jeder der n Koordinaten addiert oder subtrahiert werden kann. Die zweite Darstellung erzeugt zusätzliche Nachbarn nur für $n \geq 4$; in diesem Fall kann man vier Koordinaten auf $\binom{n}{4}$ Arten auswählen, zu jeder ausgewählten Koordinate kann 1 addiert oder subtrahiert werden, so dass $\binom{n}{4}2^4$ zusätzliche Nachbarn entstehen.

Es folgt $\Delta(G(\mathbb{Z}^n, \{2\})) = 2n$ für $1 \leq n \leq 3$ und $\Delta(G(\mathbb{Z}^n, \{2\})) = 2n + \binom{n}{4}2^4$ für $n \geq 4$.

Definiert man $\binom{n}{k} = 0$ für $n < k$, so lassen sich beide Fälle zu $\Delta(G(\mathbb{Z}^n, \{2\})) = 2n + \binom{n}{4}2^4$ für $n \in \mathbb{N}$ zusammenfassen.

Bemerkung 4.43. Die Bedingung $(*)$ ist zu stark, da nur die Anzahl der Nachbarn für den Beweis von Lemma 3.58 benötigt wird. Fordert man statt $(*)$, dass jede Hyperebene $\epsilon : v(x-v) = 0$ durch $v \in S$ höchstens r Nachbarn in jedem der beiden Halbräume enthält, so folgt wie im Beweis von Lemma 3.58, dass jeder endliche Teilgraph von $G(S, D)$ ein r-degenerierter Graph ist, das heißt, wie in den Korollaren 3.59 und 4.39, dass $\chi(G(S, D)) \leq \mathrm{ch}(G(S, D)) \leq r + 1$ gilt.

Diese schwächere Bedingung ist jedoch nicht einfach zu überprüfen.

5 Kantenchromatische Zahlen von Distanzgraphen

In diesem Kapitel werden zwei weitere Arten von Färbungen von Graphen betrachtet. Anstatt die Knoten eines Graphen zu färben, werden nun die Kanten des Graphen gefärbt.

5.1 Einleitung

Definition 5.1. Eine Zuordnung von Farben zu den Kanten eines Graphen G in der Weise, dass benachbarte Kanten verschieden gefärbt sind, heißt eine (*zulässige*) *Kantenfärbung* von G.

Eine Kantenfärbung von G mit höchstens k Farben heißt eine *k-Kantenfärbung*, der Graph G heißt dann *k-kantenfärbbar*. Besitzt der Graph G eine k-Kantenfärbung, jedoch keine $(k-1)$-Kantenfärbung, so heißt k *kantenchromatische Zahl* oder *chromatischer Index* von G, in Zeichen $\chi'(G)$. Falls G für keine natürliche Zahl k eine k-Kantenfärbung besitzt, so wird $\chi'(G) = \infty$ geschrieben.

Der Maximalgrad $\Delta(G)$ ist eine triviale untere Schranke für die kantenchromatische Zahl von G, da die zu einem Knoten inzidenten Kanten paarweise verschieden gefärbt werden müssen.

Eines der wichtigsten Ergebnisse über Kantenfärbungen ist der Satz von Vizing, der hier ohne Beweis zitiert wird. Er besagt, dass jeder Graph G eine Kantenfärbung mit $\Delta(G) + 1$ Farben besitzt.

Satz 5.2 (Satz von Vizing [79]). *Für jeden Graphen G gilt $\chi'(G) \leq \Delta(G) + 1$.*

Demnach können alle Graphen in zwei Klassen eingeteilt werden.

Definition 5.3. Sei G ein Graph. Gilt $\chi'(G) = \Delta(G)$, so heißt G *Klasse-1-Graph*, andernfalls *Klasse-2-Graph*. Man sagt auch, *G ist in Klasse* 1 bzw. 2.

Wie für die chromatische Zahl gelten auch für die kantenchromatische Zahl gewisse Vererbbarkeits- und Additivitätseigenschaften. Die Beweise verlaufen vollkommen analog (vergleiche Kapitel 3) und wurden deshalb weggelassen.

Lemma 5.4. *Aus $H \subseteq G$ folgt $\chi'(H) \leq \chi'(G)$.*

Lemma 5.5. *Für die paarweise disjunkte Vereinigung $G = H_1 \cup H_2 \cup \ldots \cup H_r$ von Graphen gilt*

$$\chi'(G) = \max\{\chi'(H_i) : 1 \leq i \leq r\}.$$

5.2 Kantenchromatische Zahlen eindimensionaler Distanzgraphen

In diesem Abschnitt werden Distanzgraphen mit Knotenmengen $\mathbb{Z}$, $\mathbb{Q}$ und $\mathbb{R}$ untersucht. Im Gegensatz zu der Fragestellung, welche chromatischen Zahlen diese Distanzgraphen besitzen, sind die kantenchromatischen Zahlen einfach zu bestimmen.

Satz 5.6 (Kemnitz, Marangio [55]). *Sei $G(D)$ ein ganzzahliger Distanzgraph zur Distanzmenge $D \subseteq \mathbb{N}$. Dann gilt $\chi'(G(D)) = \Delta(G(D)) = 2\,|D|$.*

Beweis. Jeder Knoten des ganzzahligen Distanzgraphen $G(D)$ inzidiert mit genau $2\,|D|$ Kanten, die paarweise verschieden gefärbt werden müssen, woraus $\chi'(G(D)) \geq \Delta(G(D)) = 2\,|D|$ folgt.

Die Kantenmenge von $G(D)$ kann in $|D|$ Teilmengen eingeteilt werden, nämlich in den Kantenmengen von $G(\{d\})$ für jeden Abstand $d \in D$. Der Graph $G(\{d\})$ besteht aus d disjunkten beidseitig unendlichen Wegen, deren Kanten abwechselnd mit zwei Farben zulässig gefärbt werden können. Durch Wahl jeweils verschiedener Farben erhält man eine zulässige Kantenfärbung von $G(D)$ mit $2 \cdot |D| = \Delta(G(D))$ Farben. □

Damit sind sämtliche ganzzahligen Distanzgraphen Klasse-1-Graphen. Man beachte, dass die Aussage des Satzes auch für unendliche Distanzmengen gilt, man erhält dann $\chi'(G(D)) = \infty$.

Beispiel 5.7. Wir betrachten den Distanzgraphen $G(\{2,3\})$. Die Kantenmenge zerfällt in zwei Teilmengen, nämlich die Kanten aus $G(\{2\})$ und die Kanten aus $G(\{3\})$, die jeweils mit zwei Farben gefärbt werden können (siehe Abbildungen 5.1 und 5.2).

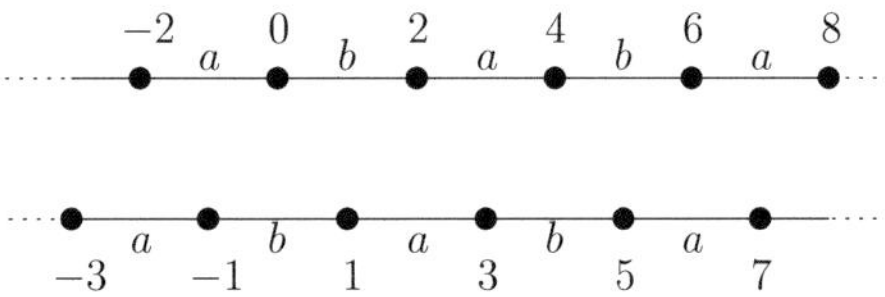

Abbildung 5.1: Kantenfärbung von $G(\{2\})$

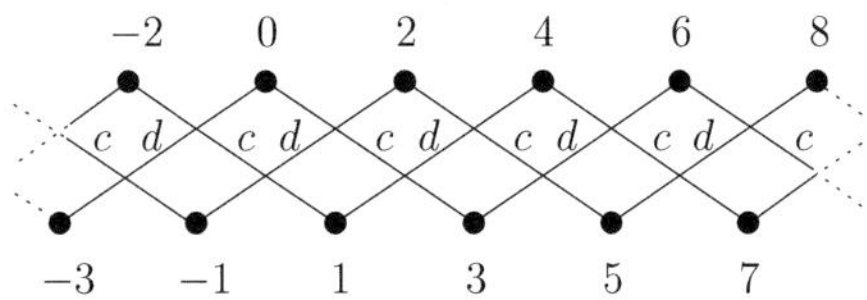

Abbildung 5.2: Kantenfärbung von $G(\{3\})$

Aus diesen Kantenfärbungen erhält man eine Kantenfärbung von $G(\{2,3\})$ mit vier Farben (siehe Abbildung 5.3).

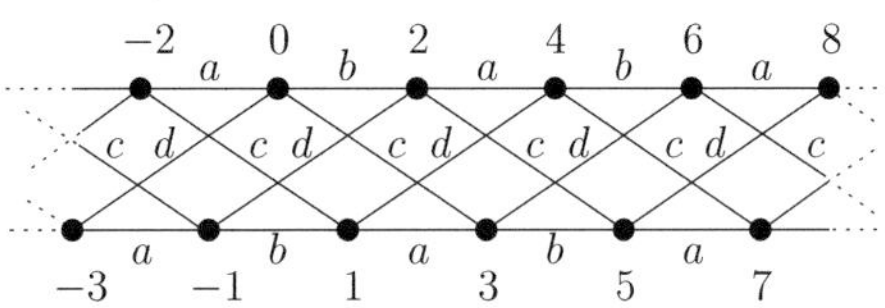

Abbildung 5.3: Kantenfärbung von $G(\{2,3\})$

Betrachtet man rationale Distanzgraphen bzw. reelle Distanzgraphen, so kann das Argument des Beweises von Satz 5.6 benutzt werden, um zu zeigen, dass diese Graphen ebenfalls Klasse-1-Graphen sind.

Satz 5.8 (Kemnitz, Marangio [56]). *Für $S = \mathbb{Q}$, $D \subseteq \mathbb{Q}^+$, sowie für $S = \mathbb{R}$, $D \subseteq \mathbb{R}^+$, gilt $\chi'(G(S,D)) = \Delta(G(S,D)) = 2\,|D|$.*

Man beachte, dass dieselbe Aussage ebenfalls für Teilgraphen T von $G(S,D)$ mit Maximalgrad $2\,|D|$ gilt, denn man erhält $2\,|D| \leq \chi'(T) \leq \chi'(G(S,D)) = 2\,|D|$, also $\chi'(T) = 2\,|D|$.

Die Aussage der Sätze 5.6 und 5.8 lässt sich auch aus Ergebnissen der folgenden Abschnitte herleiten, jedoch ohne Nennung einer einfachen Kantenfärbung.

5.3 Listenkantenchromatische Zahlen ganzzahliger Distanzgraphen

Definition 5.9. Sei G ein Graph. Jeder Kante $e \in E(G)$ sei eine Menge $L(e)$ von Farben zugewiesen, die zur Färbung der Kante zugelassen sind. Die Menge $L(e)$ heißt die *Liste* von e und L *Listenzuweisung.* Falls jede Liste $L(e)$ die gleiche Anzahl k von Elementen besitzt, so heißt k die *Länge* der Listenzuweisung L, die in diesem Fall auch *k-Listenzuweisung* genannt wird.

Eine (*zulässige*) *L-Listenkantenfärbung* oder kurz *Listenkantenfärbung* eines Graphen G ist eine Kantenfärbung von G, bei der jeder Kante $e \in E(G)$ eine Farbe aus ihrer gegebenen Liste $L(e)$ der Listenzuweisung L zugeordnet wird, so dass benachbarte Kanten verschieden gefärbt sind.

Ein Graph G heißt *k-listenkantenfärbbar* oder *k-kantenchoosable*, wenn eine L-Listenkantenfärbung für jede Listenzuweisung L mit $|L(e)| \geq k$ für jeder Kante $e \in E(G)$ existiert.

Für einen Graphen G heißt das kleinste k, für das dieser Graph k-listenkantenfärbbar ist, *listenkantenchromatische Zahl*, *listenchromatischer Index* oder *Choice Index* von G, in Zeichen $\mathrm{ch}'(G)$ oder $\chi'_l(G)$.

Wie für Listenfärbungen existiert auch in diesem Fall eine triviale untere Schranke:

Satz 5.10. *Für jeden Graphen G gilt* $\mathrm{ch}'(G) \geq \chi'(G)$.

Beweis. Alle Listen einer Listenzuweisung L von G seien gleich, womit die zulässigen L-Listenkantenfärbungen gewöhnliche Kantenfärbungen sind, die mindestens $\chi'(G)$ Farben benötigen. □

Die folgende Vermutung wurde zuerst von Bollobás und Harris veröffentlicht [8], doch wurde sie unabhängig voneinander von mehreren Personen gleichzeitig aufgestellt, unter anderem Vizing, Gupta sowie Albertson und Collins (siehe [45], S. 20). Sie besagt, dass die kantenchromatische Zahl und die listenkantenchromatische Zahl eines Graphen stets gleich sind.

Vermutung 5.11 (Listenkantenfärbungsvermutung, listenkantenchromatische Vermutung). *Für jeden Graphen G gilt $\chi'(G) = \mathrm{ch}'(G)$.*

Diese Vermutung wurde für einige Graphenklassen bestätigt, zum Beispiel für Graphen G mit $\Delta(G) = 2$, mit $\Delta(G) = 3$ und $\chi'(G) = 4$ [41], für bipartite Graphen [36], für vollständige Graphen ungerader Ordnung [39] und für planare Graphen G mit $\Delta(G) \geq 12$ [10].

Im Folgenden wird gezeigt, dass die Listenkantenfärbungsvermutung auch für ganzzahlige Distanzgraphen gilt. Dazu wird die Methode der induktiven Färbung aus Satz 3.23 verwendet, um eine Listenkantenfärbung mit der kleinstmöglichen Anzahl von Farben zu konstruieren.

Satz 5.12 (Kemnitz, Marangio [55]). *Für jeden ganzzahligen Distanzgraphen $G(D)$ gilt*

$$\mathrm{ch}'(G(D)) = \chi'(G(D)) = 2\,|D|\,.$$

Beweis. Für eine leere oder unendliche Distanzmenge ist die Aussage trivialerweise erfüllt. Sei deshalb D endlich und nichtleer, also $D = \{d_1, d_2, \ldots, d_{|D|}\} \subset \mathbb{N}$ mit $d_1 < d_2 < \cdots < d_{|D|}$, und jeder Kante $e \in E(G(D))$ sei eine Liste $L(e)$ mit mindestens $2\,|D|$ Farben zugewiesen.

Im Folgenden werden die Kanten von $G(D)$ nacheinander so gefärbt, dass jede Kante höchstens $2\,|D| - 1$ bereits gefärbte benachbarten Kanten besitzt, das heißt, dass jede Kante mit einer Farbe aus ihrer Liste gefärbt werden kann.

Als erstes werden (in beliebiger Reihenfolge) die $2\,|D|$ Kanten gefärbt, die mit dem Knoten 0 inzidieren. Da die Listenlänge mindestens $2\,|D|$ beträgt, kann jede Kante mit einer Farbe aus der eigenen Liste gefärbt werden.

Angenommen, alle Kanten, die mit Knoten aus der Menge $\{-t, \ldots, t\}$, $t \geq 0$, inzidieren, seien zulässig gefärbt, das heißt, alle Kanten $\{j, j \pm d_i\}$ mit $-t \leq j \leq t$, $1 \leq i \leq |D|$, $t \geq 0$. Es wird im Folgenden gezeigt, dass auch alle Kanten, die mit $t+1$ und mit $-t-1$ inzidieren, zulässig gefärbt werden können.

Zuerst werden die noch ungefärbten Kanten $\{t+1, t+1-d_i\}$, $1 \leq i \leq |D|$, in einer beliebigen Reihenfolge gefärbt. Der Endknoten $t+1-d_i$ einer solchen Kante wurde noch nicht betrachtet, also gilt $t+1-d_i \leq -t-1$, womit diese Situation nur in endlich vielen Fällen auftreten kann.

Es sind höchstens $2\,|D| - 2$ zu $\{t+1, t+1-d_i\}$ benachbarte Kanten bereits gefärbt, nämlich höchstens $|D| - 1$ Kanten, die mit $t+1$ und einen kleineren Knoten inzidieren, sowie höchstens weitere $|D| - 1$ Kanten, die mit $t+1-d_i$ und einen größeren Knoten inzidieren (siehe Abbildung 5.4). Damit kann die Kante $\{t+1, t+1-d_i\}$ zulässig mit einer Farbe aus ihrer Liste gefärbt werden.

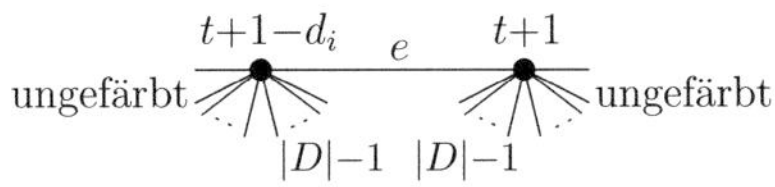

Abbildung 5.4: Färbung einer Kante $e = \{t+1-d_i, t+1\}$

Anschließend werden die Kanten $\{t+1, t+1+d_i\}$ in der Reihenfolge $i = 1$, $i = 2$ usw. bis $i = |D|$ gefärbt. Eine solche Kante $\{t+1, t+1+d_i\}$, $1 \leq i \leq |D|$, ist adjazent zu höchstens $2\,|D|-1$ bereits gefärbte Kanten, nämlich zu $|D|$ Kanten $\{t+1, t+1-d_j\}$, $1 \leq j \leq |D|$, zu $i-1$ Kanten $\{t+1, t+1+d_j\}$, $1 \leq j \leq i-1$, die unmittelbar vorher gefärbt wurden, sowie zu höchstens $|D| - i$ Kanten $\{t+1+d_i, t+1+d_i-d_j\}$, $i+1 \leq j \leq |D|$ (siehe Abbildung 5.5). Damit kann auch die Kante $\{t+1, t+1+d_i\}$ zulässig mit einer Farbe aus ihrer Liste gefärbt werden.

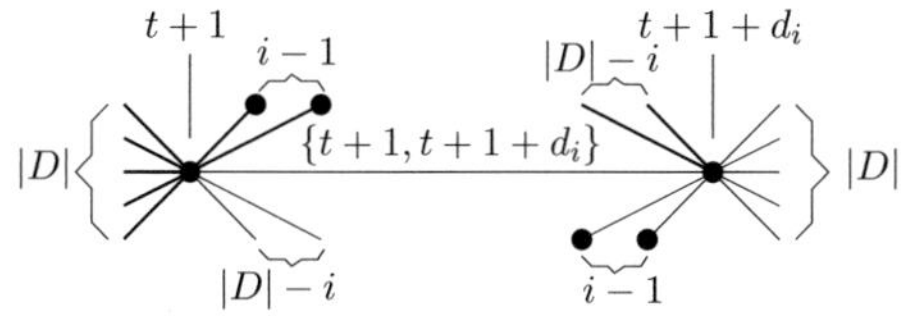

Abbildung 5.5: Die Kante $\{t+1, t+1+d_i\}$ von $G(D)$ und benachbarte Kanten

Dieselbe Färbungsmethode wird für die mit dem Knoten $-t-1$ inzidierenden Kanten verwendet, wobei die größere Menge $\{-t, \ldots, t+1\}$ zugrunde gelegt wird. Hierbei werden zuerst die ungefärbten Kanten $\{-t-1, -t-1+d_i\}$ mit $1 \leq i \leq |D|$ in beliebiger Reihenfolge und anschließend die Kanten $\{-t-1, -t-1-d_i\}$ in der Reihenfolge $i = 1, \ldots, i = |D|$ gefärbt.

Diese induktiv konstruierte Kantenfärbung ist eine L-Listenkantenfärbung, also gilt $\operatorname{ch}'(G(D)) \leq 2\,|D|$. Aus Satz 5.10 und der unteren Schranke $\chi'(G(D)) \geq \Delta(G(D)) = 2\,|D|$ folgt schließlich die Gleichheit: $\operatorname{ch}'(G(D)) = \chi'(G(D)) = 2\,|D|$. □

Damit ist die Listenkantenfärbungsvermutung für ganzzahlige Distanzgraphen bewiesen. Betrachtet man einen beliebigen Teilgraphen T von $G(D)$ mit gleichem Maximalgrad, so folgt unmittelbar $\operatorname{ch}'(T) = \chi'(T) = 2\,|D|$, das heißt, die Listenkantenfärbungsvermutung gilt ebenfalls für diese Teilgraphen. Es stellt sich die Frage, ob weitere Klassen von Teilgraphen von Distanzgraphen bestimmt werden können, für welche die Listenkantenfärbungsvermutung weiterhin gilt.

5.4 Listenkantenchromatische Zahlen eindimensionaler Distanzgraphen

In diesem Abschnitt werden kantenchromatische und listenkantenchromatische Zahlen eindimensionaler Distanzgraphen $G(S, D)$ mit $S \subseteq \mathbb{R}$ betrachtet, und diese Parameter unter anderem für $S = \mathbb{Q}$, $D \subseteq \mathbb{Q}^+$, und für $S = \mathbb{R}$, $D \subseteq \mathbb{R}^+$, bestimmt.

Analoge Aussagen des Satzes von de Bruijn und Erdős (Satz 3.18) sind auch für die in diesem Kapitel betrachteten Färbungsarten möglich. Solche Fragestellungen wurden unter anderem bereits von Tuza [78] untersucht.

Satz 5.13 (Kemnitz, Marangio [56]). *Sei $k \in \mathbb{N}$ und G ein Graph, dessen endliche kanteninduzierte Teilgraphen alle k-kantenfärbbar (bzw. k-listenkantenfärbbar) sind. Dann ist G selbst k-kantenfärbbar (bzw. k-listenkantenfärbbar).*

Beweis. In diesem Beweis wird der Satz von Rado (Satz 4.23) wie im Originalbeweis von Satz 3.18 benutzt.

Sei $G = (V, E)$ ein Graph. Gegeben seien Listen $L(e) = F_e$ der Länge $k \in \mathbb{N}$ für jede Kante $e \in E$. Mit $F = \bigcup_{e \in E} F_e$ werde die Menge aller verwendeten Farben bezeichnet.

Zu jeder endlichen Kantenmenge $N \subseteq E$ gehört ein kanteninduzierter Teilgraph $T_N \cong \langle N \rangle$ von G, welcher nach Voraussetzung k-listenkantenfärbar ist, so dass eine zulässige Listenkantenfärbung x_N mit $x_N(e) \in F_e$ für jedes $e \in N$ existiert. Nach dem Satz von Rado existiert eine Abbildung $x : E \to F$, $x(e) \in F_e$, mit der Eigenschaft, dass für jedes endliche $K \subseteq E$ eine endliche Teilmenge N existiert, $K \subseteq N \subseteq E$, so dass x mit x_N auf K übereinstimmt.

Als nächstes werden zwei benachbarte Kanten e, f und $K = \{e, f\}$ betrachtet. Nach obiger Eigenschaft existiert ein endliches N mit $K \subseteq N \subseteq E$, so dass x mit x_N auf K übereinstimmt, das heißt, es gilt $x(e) = x_N(e) \neq x_N(f) = x(f)$, da e und f im Teilgraphen T_N benachbart sind.

Damit ist x eine zulässige L-Listenkantenfärbung von G, und es folgt $\mathrm{ch}'(G) \leq k$.

Setzt man alle Listen gleich, etwa $L(e) = F_e = \{1, \ldots, k\}$ für alle $e \in E$, so folgt auf analoge Weise die Aussage für k-kantenfärbbare Graphen. □

Dieses Ergebnis lässt sich auch direkt aus Satz 3.18 bzw. aus Satz 4.3 durch Betrachten sogenannter Kantengraphen folgern.

Definition 5.14. Der *Kantengraph* $L(G) = (V(L(G)), E(L(G)))$ eines Graphen $G = (V(G), E(G))$ mit $E(G) \neq \emptyset$ ist der Graph mit Knotenmenge $V(L(G)) = E(G)$, in dem zwei Knoten aus $V(L(G))$ genau dann benachbart sind, wenn die zugehörigen Kanten aus $E(G)$ in G benachbart sind.

Mit Hilfe dieser Definition folgt unmittelbar $\chi'(G) = \chi(L(G))$ und $\mathrm{ch}'(G) = \mathrm{ch}(L(G))$ für Graphen G mit $E(G) \neq \emptyset$, da die zulässigen Kantenfärbungen von G genau den zulässigen Knotenfärbungen von $L(G)$ entsprechen.

2. *Beweis von Satz* 5.13, [56]. Seien $G = (V, E)$ ein o.B.d.A. nichtleerer Graph (andernfalls ist die Aussage des Satzes trivial) und H' ein beliebiger endlicher Teilgraph von $L(G)$ mit Knotenmenge $V(H') = \{e_1, \ldots, e_m\} \subseteq E$. Man betrachte den Teilgraphen $H = \langle\{e_1, \ldots, e_m\}\rangle$ von G, der durch diese Kanten induziert wird. Weil die Knotenmengen von H' und $L(H)$ übereinstimmen, folgt $H' \subseteq L(H)$, also $\chi(H') \leq \chi(L(H)) = \chi'(H) \leq k$ wegen der Monotonie der chromatischen Zahlen sowie der Voraussetzung. Da H' ein beliebiger endlicher Teilgraph von $L(G)$ ist, erhält man $\chi(L(G)) = \chi'(G) \leq k$ nach dem Satz von de Brujin und Erdős (Satz 3.18).

Einen analogen Beweis für Listenkantenfärbungen erhält man durch Anwenden von Satz 4.3. □

Diese Übertragung des Satzes von de Bruijn und Erdős wird im Folgenden benutzt, um die kantenchromatischen Zahlen und die listenkantenchromatischen Zahlen eindimensionaler Distanzgraphen $G(S, D)$ mit endlicher Distanzmenge D abzuschätzen.

Satz 5.15 (Kemnitz, Marangio [56])**.** *Für S mit $\emptyset \neq S \subseteq \mathbb{R}$ und $D \subseteq \mathbb{R}^+$ endlich gilt*

$$\chi'(G(S, D)) \leq \mathrm{ch}'(G(S, D)) \leq 2\,|D|\,.$$

Beweis. Sei $K \subseteq G(S, D)$ ein beliebiger endlicher Teilgraph des Distanzgraphen $G(S, D)$.

Falls $E(K) = \emptyset$, so gilt offensichtlich $\chi'(K) = \mathrm{ch}'(K) = 0 \leq 2\,|D|$. Andernfalls seien H' ein beliebiger Teilgraph des Kantengraphen $L(K)$ mit Knotenmenge $V(H') = \{e_1, \ldots, e_m\}$ und $H = \langle\{e_1, \ldots, e_m\}\rangle$ der durch diese Kanten induzierte Teilgraph von K. Man betrachte den Knoten $v = \min V(H)$ und die Kante $e = vw$ mit $w = \min N_H(v)$, wobei $N_H(v)$ die Nachbarschaft des Knotens v in H bezeichnet (siehe Abbildung 5.6).

Sei $d = w - v \in D$ und $i = |\{x : x \in D, x \leq d\}|$. Dann ist die Kante $e = vw$ zu höchstens $2\,|D| - 1$ Kanten benachbart, nämlich zu höchstens $|D| - i$ Kanten, die mit v inzidieren, sowie zu höchstens $|D| + i - 1$ Kanten, die mit w inzidieren. Aus $e \in V(H') = V(L(H))$ folgt $\delta(H') \leq 2\,|D| - 1$.

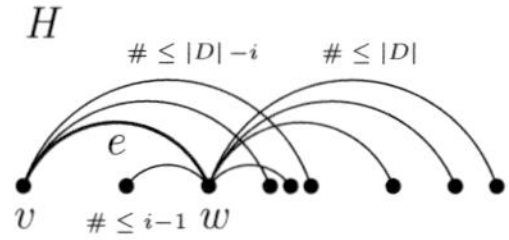

Abbildung 5.6: Kante $e = vw$ und dazu benachbarte Kanten in H.

Dies bedeutet, dass $L(K)$ ein $(2\,|D| - 1)$-degenerierter Graph ist, also gilt $\chi(L(K)) = \chi'(K) \leq \mathrm{ch}(L(K)) = \mathrm{ch}'(K) \leq 2\,|D| < \infty$. Nach Satz 5.13 folgt schließlich $\chi'(G(S,D)) \leq \mathrm{ch}'(G(S,D)) \leq 2\,|D|$. □

Für Distanzgraphen mit $\Delta(G(S,D)) = 2\,|D|$ gilt in Satz 5.15 die Gleichheit. Insbesondere folgt:

Korollar 5.16 (Kemnitz, Marangio [56]). *Für S mit $\emptyset \neq S \subseteq \mathbb{R}$ und $\Delta\big(G(S,D)\big) = 2\,|D|$ endlich gilt $\chi'(G(S,D)) = \mathrm{ch}'(G(S,D)) = 2\,|D|$.*

Es gilt $\Delta\big(G(S,D)\big) = 2\,|D|$ genau dann, wenn S einen Knoten v sowie $v + d$ und $v - d$ für jedes $d \in D$ enthält. Man beachte, dass $d \in \mathbb{R}^+ \setminus \mathbb{Q}^+$ bzw. $d \in \mathbb{R}^+ \setminus \mathbb{N}$ keine Kanten in $G(S,D)$ erzeugt, falls $S \subseteq \mathbb{Q}$ bzw. $S \subseteq \mathbb{Z}$ gilt.

Beispiel 5.17. Sei $D \subseteq \mathbb{R}^+$ endlich und $I \subset \mathbb{R}$ ein abgeschlossenes Intervall der Länge $2 \max D$, etwa $I = [a, a + 2\max D]$, bzw. $D \subseteq \mathbb{Q}^+$ endlich und $I = [a, a + 2\max D] \cap \mathbb{Q}$ mit $a \in \mathbb{Q}$ bzw. $D \subseteq \mathbb{N}$ endlich und $I = \{a, a+1, \ldots, a + 2\max D\}$ mit $a \in \mathbb{Z}$.

Falls $I \subseteq S$, so gilt $\Delta\big(G(S,D)\big) = 2\,|D|$, da der Knoten $a + \max D$ den Grad $2\,|D|$ in $G(S,D)$ besitzt. Aus Korollar 5.16 folgt $\chi'(G(S,D)) = \mathrm{ch}'(G(S,D)) = 2\,|D|$.

Korollar 5.18 (Kemnitz, Marangio [56]). *Falls ($S = \mathbb{R}$ und $D \subseteq \mathbb{R}^+$) oder ($S = \mathbb{Q}$ und $D \subseteq \mathbb{Q}^+$) oder ($S = \mathbb{Z}$ und $D \subseteq \mathbb{N}$) und D endlich, so gilt $\chi'(G(S,D)) = \mathrm{ch}'(G(S,D)) = \Delta(G(S,D)) = 2\,|D|$.*

Falls in diesen Fällen die Distanzmenge D unendlich ist, so ist der Maximalgrad $2\,|D|$ ebenfalls unendlich, und es folgt unmittelbar $\chi'(G(S,D)) = \mathrm{ch}'(G(S,D)) = \infty$.

5.5 Kantenchromatische Zahlen n-dimensionaler Distanzgraphen

In diesem Abschnitt werden kantenchromatische und listenkantenchromatische Zahlen von Distanzgraphen $G(S,D)$ mit $S \subseteq \mathbb{Z}^n$, $S \subseteq \mathbb{Q}^n$ oder $S \subseteq \mathbb{R}^n$ mit $n \in \mathbb{N}$ betrachtet. Diese Parameter sind in einigen Fällen leicht zu bestimmen.

Korollar 5.19. *Für $S = \mathbb{Q}^n$ oder $S = \mathbb{R}^n$ mit $n \geq 2$ gilt*

$$\chi'(G(S,D)) = \mathrm{ch}'(G(S,D)) = \begin{cases} 0 & \text{falls die Kantenmenge leer ist,} \\ \infty & \text{sonst.} \end{cases}$$

Beweis. Die Aussage ist trivial, falls die Kantenmenge leer ist. Falls $e = uv$ eine Kante von $G(S, D)$ ist, so muss $d = \|v - u\|_2$ in D enthalten sein. Damit gehören alle rationalen bzw. alle Punkte des Randes $\partial S^n_d(u)$ der n-dimensionalen Kugel mit Radius d und Mittelpunkt u zur Nachbarschaft des Knotens u, und der Maximalgrad der betrachteten Distanzgraphen ist unendlich (für die rationalen Punkte siehe etwa [77]). Da die kantenchromatische Zahl (und damit die listenkantenchromatische Zahl) eines Graphen größer oder gleich dem Maximalgrad ist, folgt die Behauptung. □

Distanzgraphen $G(\mathbb{Z}^n, D)$ mit endlichen Distanzmengen D sind lokal endlich. Der Beweis von Satz 5.6 lässt sich folgendermaßen verallgemeinern.

Satz 5.20 (Kemnitz, Marangio [56]). *Es gilt* $\chi'(G(\mathbb{Z}^n, D)) = \Delta(G(\mathbb{Z}^n, D))$, *wobei* $\Delta(G(\mathbb{Z}^n, D)) = \sum_{d \in D} |\mathbb{Z}^n \cap \partial S^n_d(O)|$ *mit* $O = (0, \ldots, 0)$.

Beweis. Sei $\Delta = \Delta(G(\mathbb{Z}^n, D))$. Die Knoten $v \in \mathbb{Z}^n$ des Randes ∂ der n-dimensionalen Kugel $S^n_d(O)$ mit Radius $d \in D$ und Mittelpunkt $O = (0, \ldots, 0)$ sind genau die Nachbarn von O im Abstand d, woraus $d(O) = \sum_{d \in D} |\mathbb{Z}^n \cap \partial S^n_d(O)| = \Delta$ folgt, da diese Graphen regulär sind.

Weil $-x \in \mathbb{Z}^n \cap \partial S^n_d(O)$ genau dann gilt, wenn $x \in \mathbb{Z}^n \cap \partial S^n_d(O)$ gilt, und jedes Paar $-x, x$ eine Richtung in $\mathbb{Z}^n$ bestimmt, bilden alle Kanten $\{v, v + x\}$ mit $v \in \mathbb{Z}^n$ und $x \in \mathbb{Z}^n \cap \partial S^n_d(O)$ kantendisjunkte unendliche Wege, deren Kanten abwechselnd mit zwei Farben gefärbt werden können.

Wiederholt man dies für jede auftretende Richtung x und jeden Abstand d mit jeweils 2 neuen Farben, so erhält man eine Kantenfärbung aller Kanten von $G(\mathbb{Z}^n, D)$ mit genau $2 \cdot \Delta/2 = \Delta$ Farben, was der trivialen unteren Schranke für die kantenchromatische Zahl entspricht. □

Beispiel 5.21. Man betrachte den Distanzgraphen $G(\mathbb{Z}^2, \{1\}) = (\mathbb{Z}^2, E)$ (siehe Abbildung 2.1), der ein unendliches Quadrat-Gitter bildet. Die Kanten lassen sich in zwei Klassen einteilen, waagerecht verlaufende Kanten $\{(a, b), (a+1, b)\}$ und senkrecht verlaufende Kanten $\{(a, b), (a, b+1)\}$ mit $a, b \in \mathbb{Z}$. Die Kanten jeder Klasse können abwechselnd mit je zwei Farben gefärbt werden, man erhält also eine Kantenfärbung von $G(\mathbb{Z}^2, \{1\})$ mit vier Farben, etwa $f : E \to \{0, 1, 2, 3\}$ mit $f(\{(a, b), (a + 1, b)\}) = a \bmod 2$ und $f(\{(a, b), (a, b + 1)\}) = 2 + a \bmod 2$.

Im folgenden Satz werden n-dimensionale Distanzgraphen $G(S, D)$ betrachtet mit $\emptyset \neq S \subseteq \mathbb{R}^n$ und $D \subseteq \mathbb{R}^+$, welche folgende Eigenschaft erfüllen:

$$\forall x, y, z \in S : x \sim y \implies z + x - y \in S. \tag{$**$}$$

Aus dieser Eigenschaft folgt die Eigenschaft $(*)$ aus Lemma 3.58, denn durch Einsetzen von $z = x$ erhält man ($x \sim y \implies 2x - y \in S$). Damit treten die Nachbarn eines Knotens x immer paarweise auf, mit einem Nachbarn y ist auch der an x gespiegelte Knoten $y' = 2x - y$ in S enthalten und zu x benachbart, da die Abstände gleich sind: $\|x - y\|_2 = \|(2x - y) - x\|_2 = \|y' - x\|_2$ (siehe Abbildung 5.7).

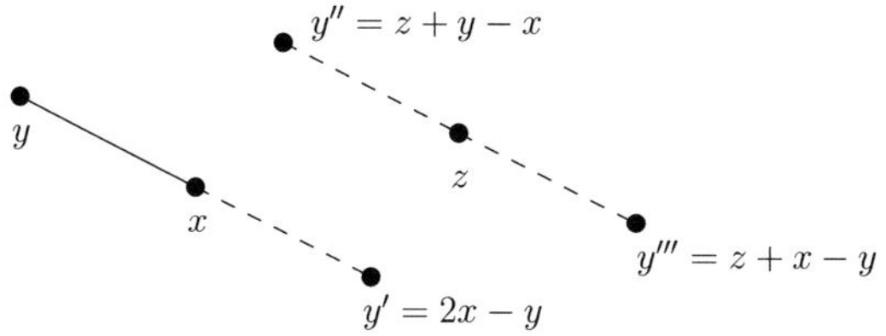

Abbildung 5.7: Schematische Darstellung zur Eigenschaft $(**)$

Für die Nachbarschaften zweier beliebiger Knoten x und z aus S gilt, dass sie durch Addition von $z-x$ (bzw. $x-z$) ineinander übergehen (siehe Abbildung 5.7), es gilt also

$$y \in N(x) \iff y'' \in N(z) \text{ mit } y'' = y + (z-x).$$

Durch Vertauschen von x und y in $(**)$ folgt nämlich aus $y \in N(x)$, dass $y'' = z+y-x$ in S enthalten ist, und da die Abstände $\|y-x\|_2 = \|(z+y-x)-z\|_2 = \|y''-z\|_2$ gleich sind, folgt hieraus $y'' \in N(z)$. Die umgekehrte Richtung erhält man durch formales Vertauschen von y und y'' sowie x und z.

Satz 5.22. *Gegeben seien $D \subseteq \mathbb{R}^+$ und $\emptyset \neq S \subseteq \mathbb{R}^n$ mit $\Delta(G(S,D))$ endlich, und S erfülle die Eigenschaft $(**)$.*
Dann gilt $\chi'(G(S,D)) = \mathrm{ch}'(G(S,D)) = \Delta(G(S,D))$.

Beweis. Als erstes wird gezeigt, dass jeder endliche nichtleere Teilgraph $H \subseteq G(S,D)$ (o.B.d.A. ohne isolierte Knoten) stets eine Kante besitzt, die in H zu höchstens $\Delta - 1 = \Delta(G(S,D)) - 1$ weiteren Kanten benachbart ist.

Die Knotenmenge $V = V(H)$ ist endlich, das heißt, man kann wie im Beweis von Lemma 3.58 die abgeschlossene Kugel $B = \overline{S_r^n(O)} = \{x \in \mathbb{R}^n : \|x\|_2 \leq r\}$ mit $r = \max\{\|y\|_2 : y \in V\}$ betrachten, die alle Knoten aus V enthält. Man wähle einen beliebigen Knoten $v \in V \cap \partial B \neq \emptyset$ aus. Die Hyperebene $\epsilon : v(x-v) = 0$ berührt die Kugel B in v und besitzt nur v als Knoten aus V.

Da v kein isolierter Knoten ist, kann die Hyperebene ϵ parallel verschoben werden, bis ein Nachbar w von v, $w \in N_H(v)$, in der verschobenen Hyperebene $\epsilon' : v(x-w) = 0$ liegt. Damit liegt kein zu v benachbarter Knoten aus H zwischen den beiden Hyperebenen. Man betrachte die Kante $e = vw$ von H.

Im Folgenden wird gezeigt, dass es für jeden Nachbarn $y \neq v$ von w in H einen Knoten $y''' = v + w - y$ gibt, der nach $(**)$ in S enthalten sein muss, welcher jedoch nicht in V enthalten sein kann. Man beachte, dass der Abstand von y zu w bzw. zu v gleich dem Abstand von y''' zu v bzw. zu w ist: $\|w-y\|_2 = \|(v+w-y)-v\|_2 = \|y'''-v\|_2$ und $\|v-y\|_2 = \|(v+w-y)-w\|_2 = \|y'''-w\|_2$.

Falls $v(y-w) \leq 0$ gilt, so ist $v(y'''-v) = v((v+w-y)-v) = v(w-y) \geq 0$, das heißt, der Knoten $y''' = v+w-y \neq v$ liegt außerhalb der Kugel B und ist somit nicht in V enthalten. Andernfalls gilt $v(y-w) > 0$ und $v(y-v) < 0$, da $y \neq v$, das heißt, der Knoten y liegt zwischen den beiden Hyperebenen ϵ und ϵ'. Es folgt $v(y'''-w) = v((v+w-y)-w) = v(v-y) > 0$ und $v(y'''-v) = v((v+w-y)-v) = v(w-y) < 0$, das heißt, der Knoten $y''' = v+w-y$ liegt ebenfalls zwischen beiden Hyperebenen. Nach Wahl von w ist y''' nicht in V enthalten, da y''' einen kleineren Abstand zu ϵ als w besitzt.

In beiden Fällen ist $y''' = v + w - y$ in $G(S, D)$ zu v benachbart, y''' ist jedoch nicht in H enthalten.

Es folgt $d_H(v) \leq \Delta - (d_H(w) - 1)$ und damit $d_H(v) + d_H(w) \leq \Delta + 1$. Weil die Kante $e = vw$ in der Gradsumme $d_H(v) + d_H(w)$ doppelt gezählt wird, ist e in H zu höchstens $\Delta - 1$ weiteren Kanten benachbart.

Sei $K \subseteq G(S, D)$ ein beliebiger endlicher Teilgraph des Distanzgraphen $G(S, D)$. Falls $E(K) = \emptyset$, so gilt offensichtlich $\chi'(K) = \mathrm{ch}'(K) = 0 \leq \Delta$. Andernfalls sei H' ein beliebiger Teilgraph des Kantengraphen $L(K)$ mit $V(H') = \{e_1, \ldots, e_m\}$, und $H = \langle\{e_1, \ldots, e_m\}\rangle$ sei der durch diese Kanten induzierte Teilgraph von K. Wie oben gesehen, enthält H eine Kante e, die zu höchstens $\Delta - 1$ Kanten benachbart ist. Weil $e \in V(H') = V(L(H))$ gilt, folgt $\delta(H') \leq \Delta - 1$. Dies bedeutet, dass $L(K)$ ein $(\Delta - 1)$-degenerierter Graph ist, das heißt, es gilt $\chi(L(K)) = \chi'(K) \leq \mathrm{ch}(L(K)) = \mathrm{ch}'(K) \leq \Delta < \infty$. Aus Satz 5.13 folgt $\chi'(G(S, D)) \leq \mathrm{ch}'(G(S, D)) \leq \Delta$, also gilt $\chi'(G(S, D)) = \mathrm{ch}'(G(S, D)) = \Delta(G(S, D)) = \Delta$. □

Für Teilgraphen $G \subseteq G(S, D)$ mit $\Delta(G) = \Delta(G(S, D))$ ergibt sich hieraus $\chi'(G) = \mathrm{ch}'(G) = \Delta(G)$.

Aus Satz 5.22 ergibt sich unmittelbar Korollar 5.18 über eindimensionale Distanzgraphen, denn falls D endlich und ($S = \mathbb{R}$ und $D \subseteq \mathbb{R}^+$) oder ($S = \mathbb{Q}$ und $D \subseteq \mathbb{Q}^+$) oder ($S = \mathbb{Z}$ und $D \subseteq \mathbb{N}$), so gilt in allen drei Fällen $\Delta(G(S, D)) = 2\,|D| < \infty$, und es gilt die Eigenschaft $(**)$, da $\mathbb{R}$, $\mathbb{Q}$ bzw. $\mathbb{Z}$ abgeschlossen bezüglich der Addition und Subtraktion reeller, rationaler bzw. ganzer Zahlen sind. Es folgt $\chi'(G(S, D)) = \mathrm{ch}'(G(S, D)) = \Delta(G(S, D)) = 2\,|D|$.

Korollar 5.23. $\chi'(G(\mathbb{Z}^n, D)) = \mathrm{ch}'(G(\mathbb{Z}^n, D)) = \Delta(G(\mathbb{Z}^n, D))$, *falls* $\Delta(G(\mathbb{Z}^n, D)) < \infty$.

Beweis. Die Knotenmenge $S = \mathbb{Z}^n$ erfüllt Eigenschaft $(**)$, also folgt die Behauptung aus Satz 5.22, da $G(\mathbb{Z}^n, D)$ lokal endlich ist. □

Ist $G(\mathbb{Z}^n, D)$ nicht lokal endlich, so gilt $\chi'(G(\mathbb{Z}^n, D)) = \mathrm{ch}'(G(\mathbb{Z}^n, D)) = \infty$.

Beispiel 5.24. Nach Korollar 5.23 gilt $\chi'(G(\mathbb{Z}^2, \{1\})) = \mathrm{ch}'(G(\mathbb{Z}^2, \{1\})) = 4$ für den Distanzgraphen $G(\mathbb{Z}^2, \{1\})$, der ein unendliches Quadrat-Gitter bildet (siehe Abbildung 2.1). Für Teilgraphen $T \subseteq G(\mathbb{Z}^2, \{1\})$ mit Maximalgrad 4, etwa für alle Gittergraphen $P_n \times P_m$ mit $n, m \geq 3$, gilt demnach ebenfalls $\chi'(T) = \mathrm{ch}'(T) = 4$.

6 Totalchromatische Zahlen von Distanzgraphen

In diesem Kapitel werden zwei weitere Arten von Färbungen von Graphen betrachtet, bei denen sowohl Knoten als auch Kanten des Graphen gefärbt werden, so dass benachbarte Knoten, benachbarte Kanten bzw. Knoten und inzidente Kanten verschieden gefärbt sind.

6.1 Einleitung

Definition 6.1. Die Knoten $V(G)$ und die Kanten $E(G)$ bilden zusammen die *Elemente* eines Graphen G. Zwei Elemente eines Graphen *berühren sich*, wenn sie inzident oder adjazent sind.

Eine (*zulässige*) *Totalfärbung* eines Graphen G ist eine Zuordnung von Farben zu den Elementen von G, so dass je zwei sich berührende Elemente verschieden gefärbt sind.

Eine Totalfärbung von G mit höchstens k Farben heißt eine *k-Totalfärbung*, der Graph G heißt dann *k-totalfärbbar*.

Die *totalchromatische Zahl* $\chi''(G)$ von G ist das kleinste k, für das dieser Graph k-totalfärbbar ist. Falls G für keine natürliche Zahl k eine k-Totalfärbbung besitzt, so wird $\chi''(G) = \infty$ geschrieben.

Eine triviale untere Schranke für die totalchromatische Zahl eines Graphen G ist $\chi''(G) \geq \Delta(G) + 1$, denn ein Knoten maximalen Grades $\Delta(G)$ und die dazu inzidenten Kanten berühren sich paarweise, müssen also paarweise verschieden gefärbt werden.

Analog zum Satz von Vizing (Satz 5.2) wurde von Vizing [79] und unabhängig davon von Behzad [5] die Vermutung aufgestellt, dass auch für die totalchromatische Zahl eines Graphen G nur zwei Werte in Frage kommen, nämlich $\Delta(G) + 1$ oder $\Delta(G) + 2$.

Vermutung 6.2 (Totalfärbungsvermutung). *Für jeden Graphen G gilt $\chi''(G) \leq \Delta(G) + 2$.*

Gilt diese Vermutung, so können alle Graphen in zwei Klassen eingeteilt werden.

Definition 6.3. Graphen G mit $\chi''(G) = \Delta(G) + 1$ heißen *Typ-1-Graphen*, Graphen G mit $\chi''(G) = \Delta(G) + 2$ heißen *Typ-2-Graphen*. Man sagt auch, *G ist von Typ 1 bzw. 2*.

Die Totalfärbungsvermutung wurde für einige Graphenklassen bestätigt, etwa für bipartite Graphen, für Graphen G mit Maximalgrad $\Delta(G) \geq \frac{3}{4}|V(G)|$ [43] oder $\Delta(G) \leq 5$ [57] sowie für planare Graphen mit $\Delta(G) \neq 6$ [68].

Für die totalchromatische Zahl gelten gewisse Vererbbarkeits- und Additivitätseigenschaften, die sich wie die entsprechenden Eigenschaften für die chromatische Zahl beweisen lassen (siehe Kapitel 3).

Lemma 6.4. *Aus $H \subseteq G$ folgt $\chi''(H) \leq \chi''(G)$.*

Lemma 6.5. *Für die paarweise disjunkte Vereinigung $G = H_1 \cup H_2 \cup \ldots \cup H_r$ von Graphen gilt*

$$\chi''(G) = \max\{\chi''(H_i) : 1 \leq i \leq r\}.$$

Definition 6.6. Sei G ein Graph. Jedem Element $x \in V(G) \cup E(G)$ sei eine Menge $L(x)$ von Farben zugewiesen, die zur Färbung des Knotens bzw. der Kante zugelassen sind. Die Menge $L(x)$ heißt die *Liste* von x und L *Listenzuweisung*. Falls jede Liste $L(x)$ die gleiche Mächtigkeit k besitzt, so heißt k die *Länge* der Listenzuweisung L, die auch *k-Listenzuweisung* genannt wird.

Eine (*zulässige*) *L-Listentotalfärbung* oder kurz *Listentotalfärbung* eines Graphen G ist eine Totalfärbung von G, bei der jedem Element $x \in V(G) \cup E(G)$ eine Farbe aus der gegebenen Liste $L(x)$ der Listenzuweisung L zugewiesen wird, so dass je zwei sich berührende Elemente aus $V(G) \cup E(G)$ verschieden gefärbt sind.

Ein Graph G heißt *k-listentotalfärbbar*, wenn eine L-Listentotalfärbung für jede Listenzuweisung L mit $|L(x)| \geq k$ für jedes Element $x \in V(G) \cup E(G)$ existiert.

Die *listentotalchromatische Zahl* von G ist das kleinste k, für das dieser Graph k-listentotalfärbbar ist, in Zeichen $\mathrm{ch}''(G)$ oder $\chi''_l(G)$.

Durch Gleichsetzen aller Listen folgt wieder die triviale untere Schranke:

Satz 6.7. *Für jeden Graphen G gilt* $\mathrm{ch}''(G) \geq \chi''(G)$.

Beweis. Alle Listen einer Listenzuweisung L von G seien gleich. Dann sind die zulässigen L-Listentotalfärbungen gewöhnliche Totalfärbungen, die mindestens $\chi''(G)$ Farben benötigen. □

Wie für die kantenchromatische und die listenkantenchromatische Zahl wird vermutet, dass die totalchromatische Zahl und die listentotalchromatische Zahl eines Graphen stets gleich sind (siehe Borodin, Kostochka, Woodall [10] und Tuza [78]).

Vermutung 6.8 (Listentotalfärbungsvermutung, listentotalchromatische Vermutung, Total Choice Conjecture). *Für jeden Graphen G gilt* $\chi''(G) = \mathrm{ch}''(G)$.

Die Listentotalfärbungsvermutung wurde zum Beispiel für Graphen G mit Maximalgrad $\Delta(G) \leq 2$ [49] und für planare Graphen G mit $\Delta(G) \geq 12$ [10] bestätigt.

6.2 Totalchromatische Zahlen ganzzahliger Distanzgraphen

In diesem Abschnitt werden sowohl totalchromatische als auch listentotalchromatische Zahlen ganzzahliger Distanzgraphen $G(D)$ untersucht.

Beispiel 6.9. Man betrachte den ganzzahligen Distanzgraphen $G(\{1\})$, ein beidseitig unendlicher Weg. Werden die Knoten und Kanten entlang des Weges abwechselnd mit drei Farben a, b, c gefärbt (siehe Abbildung 6.1), so folgt, dass die totalchromatische Zahl höchstens 3 ist, und genau 3, weil ein Knoten und seine zwei inzidenten Kanten paarweise verschieden gefärbt werden müssen. Also gilt $\chi''(G(\{1\})) = \Delta(G(\{1\})) + 1 = 3$.

Ebenfalls kann leicht gezeigt werden, dass dieser Graph 3-listentotalfärbbar ist. Für jeden Knoten und jeder Kante seien Listen der Länge mindestens 3 gegeben. Man färbe

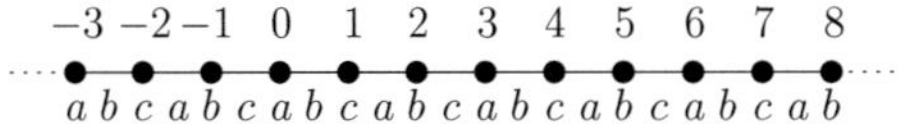

Abbildung 6.1: Der ganzzahlige Distanzgraph $G(\{1\})$ mit einer Totalfärbung mit 3 Farben

den Knoten 0 mit einer beliebigen Farbe, die Kante $\{0,1\}$ mit einer weiteren Farbe, den Knoten 1 mit einer dritten Farbe aus den entsprechenden Listen, und fahre entlang des Weges fort. Ein zu färbendes Element aus $V(G(\{1\})) \cup E(G(\{1\}))$ berührt genau einen Knoten und eine Kante, die bereits gefärbt wurden. Da die Listenlänge mindestens 3 beträgt, aber nur 2 Farben verbraucht wurden, kann das Element zulässig mit einer Farbe aus der eigenen Liste gefärbt werden. Induktiv folgt $\mathrm{ch}''(G(\{1\})) \le 3$.

Damit gilt $\chi''(G(\{1\})) = \mathrm{ch}''(G(\{1\})) = \Delta(G(\{1\})) + 1 = 3$.

Dies kann man auf beliebige ganzzahlige Distanzgraphen mit einelementiger Distanzmenge $D = \{d\}$ übertragen, da diese Distanzgraphen aus d disjunkten beidseitig unendlichen Wegen bestehen, die unabhängig voneinander gefärbt werden können. Also gilt stets $\chi''(G(\{d\})) = \mathrm{ch}''(G(\{d\})) = \Delta(G(\{d\})) + 1 = 3$.

Diese Aussage gilt sogar für beliebige ganzzahlige Distanzgraphen, wie im folgenden Satz durch eine Umformung des Beweises von Satz 5.12 gezeigt wird.

Satz 6.10 (Kemnitz, Marangio [55]). *Für jeden ganzzahligen Distanzgraphen $G(D)$, $D \subseteq \mathbb{N}$, gilt*

$$\chi''(G(D)) = \mathrm{ch}''(G(D)) = \Delta(G(D)) + 1 = 2\,|D| + 1.$$

Beweis. Falls die Distanzmenge leer oder unendlich ist, ist die Aussage trivialerweise erfüllt. Sei also $D = \{d_1, d_2, \ldots, d_{|D|}\}$ eine endliche nichtleere Distanzmenge mit $d_1 < d_2 < \cdots < d_{|D|}$.

Jeder Knoten des Distanzgraphen inzidiert mit $\Delta(G(D)) = 2\,|D|$ Kanten, also gilt für die totalchromatische Zahl $\chi''(G(D)) \ge \Delta(G(D)) + 1 = 2\,|D| + 1$. Nach Satz 6.7 bleibt zu zeigen, dass die listentotalchromatische Zahl von $G(D)$ höchstens $2\,|D| + 1$ ist.

Für den Beweis dieser oberen Schranke wird induktiv eine Listentotalfärbung von $G(D)$ konstruiert. Dazu seien jedem Knoten $v \in V(G(D))$ bzw. jeder Kante $e \in E(G(D))$ Listen $L(v)$ bzw. $L(e)$ mit mindestens $2\,|D| + 1$ Farben zugewiesen.

Als erstes werden in beliebiger Reihenfolge der Knoten 0 und die $2\,|D|$ mit diesem Knoten inzidenten Kanten gefärbt. Da jede Listenlänge mindestens $2\,|D| + 1$ beträgt, kann jedes dieser $2\,|D| + 1$ Elemente mit einer Farbe aus der eigenen Liste gefärbt werden.

Man fahre induktiv fort, Knoten v und anschließend alle mit v inzidenten, noch nicht gefärbten Kanten zu färben. Es seien alle Knoten aus der Menge $\{-t, \ldots, t\}$, $t \ge 0$ sowie alle mit diesen Knoten inzidenten Kanten zulässig gefärbt worden.

Der Knoten $t+1$ inzidiert mit höchstens $|D|$ bereits gefärbte Kanten und ist zu höchstens $|D|$ Knoten adjazent, die bereits gefärbt worden sind (siehe Abbildung 6.2). Demnach kann der Knoten $t + 1$ mit einer Farbe aus seiner Liste gefärbt werden.

Als nächstes werden die noch ungefärbten Kanten $\{t+1, t+1-d_i\}$, $1 \le i \le |D|$, in einer beliebigen Reihenfolge gefärbt. Eine solche Kante ist zu höchstens $2\,|D| - 2$ bereits gefärbte Kanten adjazent (siehe Beweis von Satz 5.12) und inzidiert mit einem einzigen bereits gefärbten Endknoten, $t + 1$, so dass sie mit einer Farbe aus ihrer Liste gefärbt werden kann.

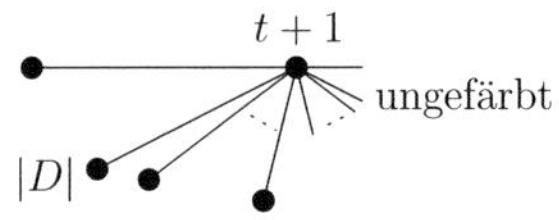

Abbildung 6.2: Färbung des Knotens $t+1$ von $G(D)$

Anschließend werden die Kanten $\{t+1, t+1+d_i\}$ in der Reihenfolge $i = 1$, $i = 2$, usw. bis $i = |D|$ gefärbt. Eine solche Kante $\{t+1, t+1+d_i\}$, $1 \leq i \leq |D|$, inzidiert mit dem bereits gefärbten Knoten $t+1$ sowie mit dem ungefärbten Knoten $t+1+d_i$ und ist zu höchstens $2|D|-1$ bereits gefärbte Kanten adjazent, nämlich zu den $|D|$ Kanten $\{t+1, t+1-d_j\}$, $1 \leq j \leq |D|$, zu den $i-1$ Kanten $\{t+1, t+1+d_j\}$, $1 \leq j \leq i-1$, sowie zu höchstens $|D|-i$ Kanten $\{t+1+d_i, t+1+d_i-d_j\}$, $i+1 \leq j \leq |D|$, da nur diese einen Endknoten aus der Menge $\{-t, \ldots, t\}$ besitzen können.

Demnach berührt die Kante $\{t+1, t+1+d_i\}$ höchstens $2|D|$ bereits gefärbte Elemente, sie kann deshalb mit einer Farbe aus ihrer Liste gefärbt werden.

Wiederum kann dieselbe Methode benutzt werden, um den Knoten $-t-1$ sowie alle damit inzidenten Kanten zu färben, wobei die größere Menge $\{-t, \ldots, t+1\}$ zugrunde gelegt wird. Zuerst wird der Knoten $-t-1$ gefärbt, danach werden die ungefärbten Kanten $\{-t-1, -t-1+d_i\}$ mit $1 \leq i \leq |D|$ in einer beliebigen Reihenfolge und anschließend die Kanten $\{-t-1, -t-1-d_i\}$ in der Reihenfolge $i = 1$, $i = 2$, usw. bis $i = |D|$ gefärbt.

Damit wurde induktiv eine L-Listentotalfärbung für die gegebene Listenzuweisung L konstruiert, und es folgt $\mathrm{ch}''(G(D)) \leq 2|D| + 1$. □

Mit der Bestimmung der totalchromatischen und der listentotalchromatischen Zahlen wurden die Totalfärbungsvermutung und die Listentotalfärbungsvermutung für ganzzahlige Distanzgraphen $G(D)$ nachgewiesen. Für jeden Teilgraphen T von $G(D)$ mit gleichem Maximalgrad $\Delta(T) = 2|D|$ folgt unmittelbar $\chi''(T) = \mathrm{ch}''(T) = 2|D|+1$, das heißt, diese Vermutungen gelten ebenfalls für solche Teilgraphen von $G(D)$.

6.3 Totalchromatische Zahlen eindimensionaler Distanzgraphen

In diesem Abschnitt werden totalchromatische und listentotalchromatische Zahlen eindimensionaler Distanzgraphen $G(S, D)$ mit $S \subseteq \mathbb{R}$ untersucht, und diese Parameter werden unter anderem für $S = \mathbb{Q}$, $D \subseteq \mathbb{Q}^+$, und für $S = \mathbb{R}$, $D \subseteq \mathbb{R}^+$, bestimmt.

Analoge Aussagen des Satzes von de Bruijn und Erdős (Satz 3.18) sind auch für Totalfärbungen und Listentotalfärbungen möglich (siehe auch [78]). Im Folgenden werden diese Übertragungen analog zum zweiten Beweis von Satz 5.13 mit Hilfe sogenannter Totalgraphen bewiesen, der Beweis könnte jedoch auch analog zum ersten Beweis von Satz 5.13 mit Hilfe des Satzes von Rado (Satz 4.23) geführt werden.

Definition 6.11. Der *Totalgraph* $T(G) = (V(T(G)), E(T(G)))$ eines Graphen $G = (V(G), E(G))$ ist der Graph mit Knotenmenge $V(T(G)) = V(G) \cup E(G)$, in dem zwei Knoten aus $V(T(G))$ genau dann benachbart sind, wenn sich die entsprechenden Elemente in G berühren (also adjazent oder inzident sind).

Aus dieser Definition folgt sofort $\chi''(G) = \chi(T(G))$ und $\mathrm{ch}''(G) = \mathrm{ch}(T(G))$, da die zulässigen Totalfärbungen von G genau den zulässigen Knotenfärbungen von $T(G)$ entsprechen.

Satz 6.12 (Kemnitz, Marangio [56]). *Sei $k \in \mathbb{N}$ und G ein Graph, dessen endliche Teilgraphen alle k-totalfärbbar (bzw. k-listentotalfärbbar) sind. Dann ist G selbst k-totalfärbbar (bzw. k-listentotalfärbbar).*

Beweis. Es seien G ein Graph und H'' ein beliebiger endlicher Teilgraph des Totalgraphen $T(G)$ mit Knotenmenge $V(H'') = \{v_1, \dots, v_n, e_1, \dots, e_m\}$, $v_1, \dots, v_n \in V(G)$, $e_1, \dots, e_m \in E(G)$ mit $e_i = u_i w_i$ für $i = 1, \dots, m$. Sei $V = \{v_1, \dots, v_n, u_1, \dots, u_m, w_1, \dots, w_m\}$ und $H = \langle V \rangle$ der durch V induzierte Teilgraph von G. Es gilt $H'' \subseteq T(H)$, woraus $\chi(H'') \leq \chi(T(H)) = \chi''(H) \leq k$ wegen der Monotonie der chromatischen Zahlen sowie der Voraussetzung folgt. Da H'' ein beliebiger endlicher Teilgraph von $T(G)$ ist, erhält man $\chi(T(G)) = \chi''(G) \leq k$ nach dem Satz von de Brujin und Erdős (Satz 3.18).

Durch Anwenden von Satz 4.3 statt Satz 3.18 erhält man einen analogen Beweis für Listentotalfärbungen. □

Satz 6.12 wird im Folgenden benutzt, um die totalchromatischen Zahlen und die listentotalchromatischen Zahlen eindimensionaler Distanzgraphen $G(S, D)$ mit endlicher Distanzmenge D abzuschätzen.

Satz 6.13 (Kemnitz, Marangio [56]). *Für S mit $\emptyset \neq S \subseteq \mathbb{R}$ und $D \subseteq \mathbb{R}^+$ endlich gilt*

$$\chi''(G(S, D)) \leq \mathrm{ch}''(G(S, D)) \leq 2\,|D| + 1.$$

Beweis. Sei $K \subseteq G(S, D)$ ein beliebiger endlicher Teilgraph des Distanzgraphen $G(S, D)$.

Falls $E(K) = \emptyset$, so gilt $\chi''(K) = \mathrm{ch}''(K) = 1 \leq 2\,|D| + 1$. Andernfalls sei H'' ein beliebiger Teilgraph des Totalgraphen $T(K)$ mit Knotenmenge $V(H'') = \{v_1, \dots, v_n, e_1, \dots, e_m\}$, $v_1, \dots, v_n \in V(K)$, $e_1, \dots, e_m \in E(K)$ mit $e_i = u_i w_i$ für $i = 1, \dots, m$.

Sei $V = \{v_1, \dots, v_n, u_1, \dots, u_m, w_1, \dots, w_m\}$ und $H = \langle V \rangle$ der durch V induzierte Teilgraph von K. Es gilt dann $H'' \subseteq T(H)$. Man betrachte den Knoten $v = \min V(H)$. Falls $v \in V(H'')$, so ist v in H zu höchstens $|D|$ Knoten adjazent und zu höchstens $|D|$ Kanten inzident, also gilt $d_{H''}(v) \leq 2\,|D|$ in H''.

Falls $v \notin V(H'')$, so ist v zu mindestens einer Kante e_i inzident, $1 \leq i \leq m$. Man betrachte den induzierten Teilgraphen $T = \langle \{e_1, \dots, e_m\} \rangle$ von H und die Kante $e_j = vw$, $1 \leq j \leq m$, wobei $w = \min N_T(v)$. Dann ist die Kante e_j zu höchstens $2\,|D| - 1$ Kanten in T benachbart ist (siehe Beweis von Satz 5.15), und es gilt $d_{H''}(e_j) \leq 2\,|D| - 1 + 1$, da $v \notin V(H'')$.

In beiden Fällen gilt $\delta(H'') \leq 2\,|D|$, das heißt, $T(K)$ ist $2\,|D|$-degeneriert. Es folgt $\chi(T(K)) = \chi''(K) \leq \mathrm{ch}(T(K)) = \mathrm{ch}''(K) \leq 2\,|D| + 1 < \infty$. Da K ein beliebiger endlicher Teilgraph von $G(S, D)$ ist, folgt nach Satz 6.12 wie behauptet $\chi''(G(S, D)) \leq \mathrm{ch}''(G(S, D)) \leq 2\,|D| + 1$. □

Für Distanzgraphen $G(S, D)$ mit Maximalgrad $2\,|D|$ gilt in Satz 6.13 die Gleichheit. Es folgt:

Korollar 6.14 (Kemnitz, Marangio [56]). *Für S mit $\emptyset \neq S \subseteq \mathbb{R}$ und $\Delta\big(G(S, D)\big) = 2\,|D|$ endlich gilt $\chi''(G(S, D)) = \mathrm{ch}''(G(S, D)) = 2\,|D| + 1$.*

Korollar 6.15 (Kemnitz, Marangio [56]). *Falls ($S = \mathbb{R}$ und $D \subseteq \mathbb{R}^+$) oder ($S = \mathbb{Q}$ und $D \subseteq \mathbb{Q}^+$) oder ($S = \mathbb{Z}$ und $D \subseteq \mathbb{N}$) und D endlich, so gilt $\chi''(G(S, D)) = \mathrm{ch}''(G(S, D)) = \Delta(G(S, D)) + 1 = 2\,|D| + 1$.*

Beweis. In allen drei Fällen gilt $\Delta(G(S, D)) = 2\,|D|$. □

Falls in diesen Fällen die Distanzmenge D unendlich ist, so ist der Maximalgrad $2\,|D|$ ebenfalls unendlich, und es folgt unmittelbar $\chi''(G(S, D)) = \mathrm{ch}''(G(S, D)) = \infty$.

6.4 Totalchromatische Zahlen n-dimensionaler Distanzgraphen

In diesem Abschnitt werden totalchromatische und listentotalchromatische Zahlen von Distanzgraphen $G(S, D)$ mit $S \subseteq \mathbb{Z}^n$, $S \subseteq \mathbb{Q}^n$ oder $S \subseteq \mathbb{R}^n$ mit $n \in \mathbb{N}$ betrachtet. Auch in diesen Fällen lassen sich Ergebnisse über kantenchromatische und listenkantenchromatische Zahlen übertragen.

Korollar 6.16. *Für $S = \mathbb{Q}^n$ oder $S = \mathbb{R}^n$ mit $n \geq 2$ gilt*

$$\chi''(G(S, D)) = \mathrm{ch}''(G(S, D)) = \begin{cases} 1 & \text{falls die Kantenmenge leer ist,} \\ \infty & \text{sonst.} \end{cases}$$

Beweis. Die Aussage ist trivial, falls die Kantenmenge leer ist. Andernfalls ist der Maximalgrad dieser Distanzgraphen und damit auch die totalchromatische Zahl und die listentotalchromatische Zahl unendlich (siehe Beweis von Korollar 5.19). □

Im folgenden Satz werden n-dimensionale Distanzgraphen $G(S, D)$ mit $\emptyset \neq S \subseteq \mathbb{R}^n$ und $D \subseteq \mathbb{R}^+$ betrachtet, welche folgende Eigenschaft erfüllen (siehe Seite 66):

$$\forall x, y, z \in S : x \sim y \implies z + x - y \in S. \qquad (**)$$

Der Beweis von Satz 5.22 über die kantenchromatische und die listenkantenchromatische Zahlen dieser Distanzgraphen lässt sich auf totalchromatische und listentotalchromatische Zahlen übertragen.

Satz 6.17. *Gegeben seien $D \subseteq \mathbb{R}^+$ und $\emptyset \neq S \subseteq \mathbb{R}^n$ mit $\Delta(G(S, D))$ endlich, und S erfülle die Eigenschaft $(**)$.*

Dann gilt $\chi''(G(S, D)) = \mathrm{ch}''(G(S, D)) = \Delta(G(S, D)) + 1$.

Beweis. Es seien $\Delta = \Delta(G(S, D))$ und K ein beliebiger endlicher Teilgraph von $G(S, D)$. Falls $E(K) = \emptyset$, so gilt $\chi''(K) = \mathrm{ch}''(K) = 1 \leq \Delta + 1$. Andernfalls sei H'' ein beliebiger Teilgraph des Totalgraphen $T(K)$ mit $V(H'') = \{e_1, \ldots, e_m, v_1, \ldots, v_n\}$, $e_i = u_i w_i \in E(K)$, $i = 1, \ldots, m$, und $v_j \in V(K)$, $j = 1, \ldots, n$.

Sei $V = \{v_1, \ldots, v_n, u_1, \ldots, u_m, w_1, \ldots, w_m\}$, und $H = \langle V \rangle$ sei der durch V induzierte Teilgraph von K. Dies impliziert $H'' \subseteq T(H)$. Da mit Eigenschaft $(**)$ auch Eigenschaft $(*)$ gilt, besitzt nach Lemma 3.58 der endliche Teilgraph H einen Knoten v mit höchstens $\Delta/2$ Nachbarn.

Falls $v \in V(H'')$, so ist v in H'' zu höchstens $\Delta/2$ Knoten adjazent und zu höchstens $\Delta/2$ Kanten inzident, das heißt, es gilt $d_{H''}(v) \leq \Delta$.

Falls $v \notin V(H'')$ so inzidiert v mit mindestens einer Kante e_i, $1 \leq i \leq m$. Man betrachte den Teilgraphen $\langle\{e_1, \ldots, e_m\}\rangle$ von H. Hier findet man wie im Beweis von Satz 5.22 eine zu v inzidente Kante $e = vw$, die zu höchstens $\Delta - 1$ Kanten aus H benachbart ist. Damit gilt $d_{H''}(e) \leq \Delta - 1 + 1$, da $v \notin V(H'')$. In beiden Fällen gilt $\delta(H'') \leq \Delta$, das heißt, $T(K)$ ist Δ-degeneriert.

Es folgt $\chi(T(K)) = \chi''(K) \leq \mathrm{ch}(T(K)) = \mathrm{ch}''(K) \leq \Delta + 1 < \infty$. Nach Satz 6.12 folgt $\chi''(G(S, D)) \leq \mathrm{ch}''(G(S, D)) \leq \Delta + 1$, also gilt $\chi''(G(S, D)) = \mathrm{ch}''(G(S, D)) = \Delta + 1$. □

Für Teilgraphen $T \subseteq G(S, D)$ mit $\Delta(T) = \Delta(G(S, D))$ gilt ebenfalls $\chi''(T) = \mathrm{ch}''(T) = \Delta(G(S, D)) + 1$.

Aus Satz 6.17 ergibt sich unmittelbar Korollar 6.15, denn für D endlich und ($S = \mathbb{R}$ und $D \subseteq \mathbb{R}^+$) oder ($S = \mathbb{Q}$ und $D \subseteq \mathbb{Q}^+$) oder ($S = \mathbb{Z}$ und $D \subseteq \mathbb{N}$) gilt stets die Eigenschaft $(**)$ sowie $\Delta(G(S, D)) = 2\,|D| < \infty$, woraus $\chi''(G(S, D)) = \mathrm{ch}''(G(S, D)) = \Delta(G(S, D)) + 1 = 2\,|D| + 1$ folgt.

Korollar 6.18. *$\chi''(G(\mathbb{Z}^n, D)) = \mathrm{ch}''(G(\mathbb{Z}^n, D)) = \Delta(G(\mathbb{Z}^n, D)) + 1$, falls $\Delta(G(\mathbb{Z}^n, D)) < \infty$.*

Beweis. Die Knotenmenge $S = \mathbb{Z}^n$ erfüllt Eigenschaft $(**)$, und $G(\mathbb{Z}^n, D)$ ist lokal endlich, also folgt die Behauptung aus Satz 6.17. □

Für nicht lokal endliche Graphen ergibt sich $\chi''(G(\mathbb{Z}^n, D)) = \mathrm{ch}''(G(\mathbb{Z}^n, D)) = \infty$.

Beispiel 6.19. Für den Distanzgraphen $G(\mathbb{Z}^2, D)$ mit $D = \{1, \sqrt{2}\}$ (siehe Abbildung 3.7) gilt $\chi''(G(\mathbb{Z}^n, D)) = \mathrm{ch}''(G(\mathbb{Z}^n, D)) = \Delta(G(\mathbb{Z}^n, D)) + 1 = 9$ nach Korollar 6.18. Für Teilgraphen $T \subseteq G(\mathbb{Z}^2, D)$ mit gleichem Maximalgrad 8, etwa für alle starken Produkten $P_n \otimes P_m$ mit $n, m \geq 3$, gilt demnach ebenfalls $\chi''(T) = \mathrm{ch}''(T) = 9$.

7 Verallgemeinerte Färbungen

In diesem Kapitel wird eine Verallgemeinerung der gewöhnlichen Knoten- und Kantenfärbungen betrachtet, die unabhängig voneinander von mehreren Autoren eingeführt und in vielen Arbeiten untersucht wurde (siehe etwa [48] und die Übersichtsartikel [11, 12]).

7.1 Verallgemeinerte Knotenfärbungen

Definition 7.1. Sei $\mathcal{I}$ die Klasse der endlichen schlichten Graphen.

Eine *Grapheneigenschaft* $\mathcal{P}$ ist eine nichtleere Teilmenge von $\mathcal{I}$, die unter Isomorphismen abgeschlossen ist. Eine Eigenschaft $\mathcal{P}$ heißt *additiv*, falls sie bezüglich disjunkter Vereinigungen abgeschlossen ist, das heißt, falls für $G, H \in \mathcal{P}$ die disjunkte Vereinigung $G \cup H$ in $\mathcal{P}$ enthalten ist. Eine Eigenschaft $\mathcal{P}$ heißt *vererbbar*, falls alle Teilgraphen eines Graphen $G \in \mathcal{P}$ ebenfalls in $\mathcal{P}$ enthalten sind, das heißt, falls aus $G \in \mathcal{P}$ und $H \subseteq G$ auch $H \in \mathcal{P}$ folgt.

Für $G \in \mathcal{P}$ (*Graph G in Eigenschaft $\mathcal{P}$*) sagt man gewöhnlich auch *„Graph G mit Eigenschaft $\mathcal{P}$“* bzw. *„G besitzt Eigenschaft $\mathcal{P}$“*.

Im dieser Arbeit werden hauptsächlich unendliche Graphen betrachtet, für die man diese Standardbegriffe übernehmen kann. Bei der Additivität muss man jedoch fordern, dass die Grapheneigenschaft bezüglich *beliebige* disjunkte Vereinigungen abgeschlossen ist.

Definition 7.2. Sei $\mathcal{I}^*$ die Klasse der schlichten Graphen.

Eine *Grapheneigenschaft* $\mathcal{P}$ ist eine nichtleere Teilmenge von $\mathcal{I}^*$, die unter Isomorphismen abgeschlossen ist. Eine Eigenschaft $\mathcal{P}$ heißt *additiv*, falls sie bezüglich beliebiger disjunkter Vereinigungen abgeschlossen ist, das heißt, falls für eine Menge M mit $H_i \in \mathcal{P}$ für $i \in M$ auch die disjunkte Vereinigung $\bigcup_{i \in M} H_i$ in $\mathcal{P}$ enthalten ist. Eine Eigenschaft $\mathcal{P}$ heißt *vererbbar*, falls alle Teilgraphen eines Graphen $G \in \mathcal{P}$ ebenfalls in $\mathcal{P}$ enthalten sind.

Im Folgenden werden ausschließlich additive vererbbare Eigenschaften betrachtet.

Definition 7.3. Einige Standardnotationen für additive vererbbare Eigenschaften endlicher Graphen sind (siehe etwa [11, 12]):

$\mathcal{O} = \{G \in \mathcal{I} : E(G) = \emptyset\}$,
$\mathcal{D}_t = \{G \in \mathcal{I} : G \text{ ist } t\text{-degeneriert}\}$,
$\mathcal{I}_t = \{G \in \mathcal{I} : G \text{ enthält keinen } K_{t+2}\}$,
$\mathcal{O}_t = \{G \in \mathcal{I} : \text{jede Komponente von } G \text{ hat höchstens } t+1 \text{ Knoten}\}$,
$\mathcal{S}_t = \{G \in \mathcal{I} : \Delta(G) \leq t\}$.

Die gleichen Bezeichnungen werden im Folgenden ohne besondere Kennzeichnung auch für Teilmengen von $\mathcal{I}^*$ benutzt.

Für jede additive vererbbare Eigenschaft $\mathcal{P}$ gilt $\mathcal{O} \subseteq \mathcal{P}$, denn aus $\mathcal{P} \neq \emptyset$ folgt wegen der Vererbbarkeit $K_1 \in \mathcal{P}$, und wegen der Additivität sind beliebige leere Graphen in $\mathcal{P}$ enthalten.

Abweichend von den vorangegangenen Kapiteln werden auch nichtzulässige Färbungen bzw. nichtzulässige Listenfärbungen untersucht. Es werden deshalb folgende Definitionen benutzt:

Definition 7.4. Eine *Knotenfärbung* oder kurz *Färbung* eines Graphen G ist eine Abbildung $f : V(G) \to F$, die den Knoten des Graphen Farben aus der Farbmenge F zuweist. Zu einer gegebenen Färbung f bezeichne die *Farbklasse* $V_{i,f}$ die Menge aller Knoten von G, die mit der Farbe $i \in F$ gefärbt werden:

$$V_{i,f} = \{v \in V(G) : f(v) = i\}.$$

Definition 7.5. Es sei $\mathcal{P}$ eine additive vererbbare Eigenschaft von Graphen. Eine *verallgemeinerte Knotenfärbung* oder auch eine *$\mathcal{P}$-Knotenfärbung* f eines schlichten Graphen G ist eine Färbung der Knoten $V(G)$ von G, so dass für jede Farbe i die mit i gefärbten Knoten einen Teilgraphen mit Eigenschaft $\mathcal{P}$ induzieren, das heißt, es gilt $\langle V_{i,f}\rangle \in \mathcal{P}$ für jede Farbe i.

Die kleinste Anzahl Farben in einer $\mathcal{P}$-Knotenfärbung von G heißt die *$\mathcal{P}$-chromatische Zahl* $\chi_{\mathcal{P}}(G)$.

$\mathcal{P}$-Knotenfärbungen sind Verallgemeinerungen gewöhnlicher Knotenfärbungen, da eine $\mathcal{O}$-Knotenfärbung eine zulässige Knotenfärbung ist (das heißt, benachbarte Knoten sind verschieden gefärbt) und $\chi_{\mathcal{O}}(G) = \chi(G)$ für jeden Graphen G gilt.

Definition 7.6. Eine *Listenknotenfärbung* eines Graphen G ist eine Knotenfärbung von G, bei der jedem Knoten $v \in V(G)$ eine Farbe aus einer gegebenen Liste $L(v)$ zugeordnet wird. Eine *$\mathcal{P}$-Listenknotenfärbung* ist eine Listenknotenfärbung, bei der für jede Farbe i die mit i gefärbten Knoten einen Teilgraphen mit Eigenschaft $\mathcal{P}$ induzieren, das heißt, für jede Farbe i gilt $\langle V_{i,f}\rangle \in \mathcal{P}$.

Die *$\mathcal{P}$-listenchromatische Zahl* $\mathrm{ch}_{\mathcal{P}}(G)$ eines Graphen G ist als minimale Listenlänge n definiert, für die es bei jeder Auswahl von Listen $L(v)$, $v \in V(G)$, der Länge mindestens n stets eine $\mathcal{P}$-Listenknotenfärbung von G gibt.

Es gilt $\mathrm{ch}_{\mathcal{O}}(G) = \mathrm{ch}(G)$, da eine $\mathcal{O}$-Listenknotenfärbung eine zulässige Listenknotenfärbung ist.

Wie für gewöhnliche Knotenfärbungen bzw. Listenknotenfärbungen gelten für $\mathcal{P}$-Knotenfärbungen und $\mathcal{P}$-Listenknotenfärbungen einige einfach zu zeigende Eigenschaften (siehe etwa [12]).

Proposition 7.7. *Für jeden Graphen G gilt $\chi_{\mathcal{P}}(G) \leq \mathrm{ch}_{\mathcal{P}}(G)$.*

Beweis. Jede Knotenfärbung von G ist eine Listenknotenfärbung von G, bei der stets gleiche Listen $L(v)$ verwendet werden. □

Proposition 7.8. *Für $\mathcal{P}_1 \subseteq \mathcal{P}_2$ gilt $\chi_{\mathcal{P}_2}(G) \leq \chi_{\mathcal{P}_1}(G)$ und $\mathrm{ch}_{\mathcal{P}_2}(G) \leq \mathrm{ch}_{\mathcal{P}_1}(G)$.*

Beweis. Gilt $\mathcal{P}_1 \subseteq \mathcal{P}_2$, so ist jede $\mathcal{P}_1$-Knotenfärbung ($\mathcal{P}_1$-Listenknotenfärbung) auch eine $\mathcal{P}_2$-Knotenfärbung ($\mathcal{P}_2$-Listenknotenfärbung). □

Mit $\mathcal{O} \subseteq \mathcal{P}$ folgt hieraus $\chi_{\mathcal{P}}(G) \leq \chi_{\mathcal{O}}(G) = \chi(G)$ und $\mathrm{ch}_{\mathcal{P}}(G) \leq \mathrm{ch}_{\mathcal{O}}(G) = \mathrm{ch}(G)$.

Proposition 7.9. *Für $H \subseteq G$ gilt $\chi_\mathcal{P}(H) \leq \chi_\mathcal{P}(G)$ und $\mathrm{ch}_\mathcal{P}(H) \leq \mathrm{ch}_\mathcal{P}(G)$.*

Beweis. Die Einschränkung einer $\mathcal{P}$-Knotenfärbung (bzw. $\mathcal{P}$-Listenknotenfärbung) von G auf die Knoten von H ist eine $\mathcal{P}$-Knotenfärbung (bzw. $\mathcal{P}$-Listenknotenfärbung) von H. □

Proposition 7.10. *Für die disjunkte Vereinigung zweier Graphen $G \cup H$ gilt $\chi_\mathcal{P}(G \cup H) = \max\{\chi_\mathcal{P}(G), \chi_\mathcal{P}(H)\}$ und $\mathrm{ch}_\mathcal{P}(G \cup H) = \max\{\mathrm{ch}_\mathcal{P}(G), \mathrm{ch}_\mathcal{P}(H)\}$.*

Beweis. Je eine $\mathcal{P}$-Knotenfärbung von G und von H liefern zusammen eine $\mathcal{P}$-Knotenfärbung von $G \cup H$, da G und H disjunkt und $\mathcal{P}$ additiv ist, woraus $\chi_\mathcal{P}(G \cup H) \leq \max\{\chi_\mathcal{P}(G), \chi_\mathcal{P}(H)\}$ folgt. Aus Proposition 7.9 folgt die Gleichheit, da $G, H \subseteq G \cup H$. Der Beweis für $\mathcal{P}$-Listenknotenfärbungen verläuft analog. □

Proposition 7.11. *Für einen Graphen G und eine vererbbare additive Eigenschaft $\mathcal{P}$ sind die folgenden Aussagen äquivalent:*

(1) $\chi_\mathcal{P}(G) = 1$

(2) $\mathrm{ch}_\mathcal{P}(G) = 1$

(3) $G \in \mathcal{P}$

Beweis. Es gilt $\chi_\mathcal{P}(G) = 1$ genau dann, wenn alle Knoten von G in einer $\mathcal{P}$-Knotenfärbung mit einer Farbe gefärbt werden dürfen, also genau dann, wenn $G \in \mathcal{P}$ gilt.

Falls $G \in \mathcal{P}$, so färbe man bei gegebener Listenzuweisung der Länge 1 jeden Knoten mit der Farbe aus seiner Liste. Dies ergibt eine $\mathcal{P}$-Listenknotenfärbung, da $\mathcal{P}$ vererbbar ist, also ist $\mathrm{ch}_\mathcal{P}(G) = 1$. Andererseits impliziert $\mathrm{ch}_\mathcal{P}(G) = 1$ durch Wahl stets gleicher Listen, dass $G \in \mathcal{P}$ gilt. □

7.2 $\mathcal{P}$-chromatische Zahlen ganzzahliger Distanzgraphen

In diesem Abschnitt werden $\mathcal{P}$-chromatische Zahlen ganzzahliger Distanzgraphen $G(D) = G(\mathbb{Z}, D)$ betrachtet. Als erstes folgen einige Ergebnisse über Distanzgraphen zu Distanzmengen kleiner Mächtigkeit.

Proposition 7.12. *Für $|D| = 0$ gilt $\chi_\mathcal{P}(G(D)) = \mathrm{ch}_\mathcal{P}(G(D)) = 1$.*

Beweis. Falls D leer ist, so enthält $G(D)$ keine Kanten, es ist also $G(D) \in \mathcal{O} \subseteq \mathcal{P}$. Aus Proposition 7.11 folgt die Behauptung. □

Proposition 7.13. *Für $|D| = 1$ gilt* $\chi_\mathcal{P}(G(D)) = \mathrm{ch}_\mathcal{P}(G(D)) = \begin{cases} 1 & \text{falls } P_\infty \in \mathcal{P}, \\ 2 & \text{sonst,} \end{cases}$

wobei P_∞ ein beidseitig unendlicher Weg ist.

Beweis. Falls $D = \{d\}$ ist, so besteht $G(D)$ aus d beidseitig unendlichen Wegen P_∞. Falls $P_\infty \in \mathcal{P}$, so ist $G(D) \in \mathcal{P}$, da $\mathcal{P}$ additiv ist, und es folgt $\chi_\mathcal{P}(G(D)) = \mathrm{ch}_\mathcal{P}(G(D)) = 1$ nach Proposition 7.11. Andernfalls sind mindestens 2 Farben nötig, und wegen $\chi_\mathcal{P}(G(D)) \leq \mathrm{ch}_\mathcal{P}(G(D)) \leq \mathrm{ch}(G(D)) = 2$ nach Propositionen 7.7 und 7.8 sowie $\mathrm{ch}(P_\infty) = 2$ ergibt sich $\chi_\mathcal{P}(G(D)) = \mathrm{ch}_\mathcal{P}(G(D)) = 2$. □

Für beliebige bipartite ganzzahlige Distanzgraphen folgt analog:

Proposition 7.14. *Sei $G(D)$ ein bipartiter ganzzahliger Distanzgraph. Dann gilt*

$$\chi_{\mathcal{P}}(G(D)) = \begin{cases} 1 & \text{falls } G(D) \in \mathcal{P}, \\ 2 & \text{sonst.} \end{cases}$$

Satz 7.15. *Sei $D = \{x, y\}$ mit $x \neq y$ und $\operatorname{ggT}(x, y) = 1$ gegeben. Dann gilt*

$$\chi_{\mathcal{P}}(G(D)) = \begin{cases} 1 & \text{falls } G(D) \in \mathcal{P}, \\ 2 & \text{falls } (G(D) \notin \mathcal{P} \text{ und } \mathcal{P} \neq \mathcal{O}) \text{ oder } (\mathcal{P} = \mathcal{O} \text{ und } x \equiv y \equiv 1 \pmod 2), \\ 3 & \text{falls } \mathcal{P} = \mathcal{O} \text{ und } x \not\equiv y \pmod 2. \end{cases}$$

Beweis. Der Fall $G(D) \in \mathcal{P}$ ist trivial, und wegen $\chi_{\mathcal{O}}(G) = \chi(G)$ wurden die Fälle mit $\mathcal{P} = \mathcal{O}$ bereits in Satz 3.24 behandelt.

Es sei also $G(D) \notin \mathcal{P}$ und $\mathcal{P} \neq \mathcal{O}$. Dann gilt $\chi_{\mathcal{P}}(G(D)) \geq 2$, da $G(D) \notin \mathcal{P}$. Zu zeigen bleibt also $\chi_{\mathcal{P}}(G(D)) \leq 2$, was durch die Angabe einer $\mathcal{P}$-Knotenfärbung $f : \mathbb{Z} \to \{1, 2\}$ bewiesen wird.

Sei $D = \{x, y\}$ mit $x < y$, $\operatorname{ggT}(x, y) = 1$. Färbe die Knoten einer jeden Restklasse modulo y abwechselnd mit zwei Farben $1, 2$, so dass $f(ix) = (i \bmod 2) + 1$ gilt, $0 \leq i \leq y - 1$. Wegen $\operatorname{ggT}(x, y) = 1$ durchläuft ix, $i = 0, 1, \ldots, y - 1$, ein vollständiges Restsystem modulo y, also lässt sich jeder Knoten $v \in \mathbb{Z}$ eindeutig darstellen als $v = ix + jy$ mit $i, j \in \mathbb{Z}$, $0 \leq i \leq y - 1$. Damit ergibt sich $f(v) = f(ix + jy) = (i + j) \bmod 2 + 1$ als Farbe des Knotens v. Man beachte, dass diese Färbung $2y$-periodisch ist.

Zwei Knoten im Abstand y sind nach Konstruktion der Färbung verschieden gefärbt. Zwei Knoten im Abstand x, etwa v und $v + x$, sind ebenfalls verschieden gefärbt mit möglicher Ausnahme des Falls $v + x \equiv 0 \pmod y$. Somit induzieren die Farbklassen Teilgraphen von $G(D)$, die aus K_1 und (möglicherweise) K_2 bestehen. Wegen $\mathcal{P} \neq \mathcal{O}$ ist jedoch K_2 in $\mathcal{P}$ enthalten, und wegen der Additivität sind beliebige Vereinigungen von K_2 in $\mathcal{P}$ enthalten, f ist also eine $\mathcal{P}$-Knotenfärbung mit 2 Farben. □

Beispiel 7.16. Nach Satz 7.15 gilt $\chi_{\mathcal{S}_1}(G(D)) = 2$ für den ganzzahligen Distanzgraphen $G(D)$ mit $D = \{2, 3\}$, da $G(D) \notin \mathcal{S}_1$ und $\mathcal{S}_1 \neq \mathcal{O}$.

Im Beweis von Satz 7.15 wird eine $\mathcal{S}_1$-Knotenfärbung f von $G(D)$ konstruiert (siehe Abbildung 7.1). Es wird $f(0) = 1$, $f(2) = 2$, $f(4) = 1$ gesetzt, woraus man $f(1) = f(2) = f(3) = 2$, $f(4) = f(5) = f(6) = 1$ sowie $f(v) = f(v + 6)$ für $v \in \mathbb{Z}$ erhält, das heißt, die Färbung f ist 6-periodisch und erfüllt $f(v) = \lceil v/3 \rceil \bmod 2 + 1$.

Die von den Farbklassen induzierten Teilgraphen enthalten K_1 und K_2 als Komponenten (durch dick markierte Kanten in Abbildung 7.1 angegeben).

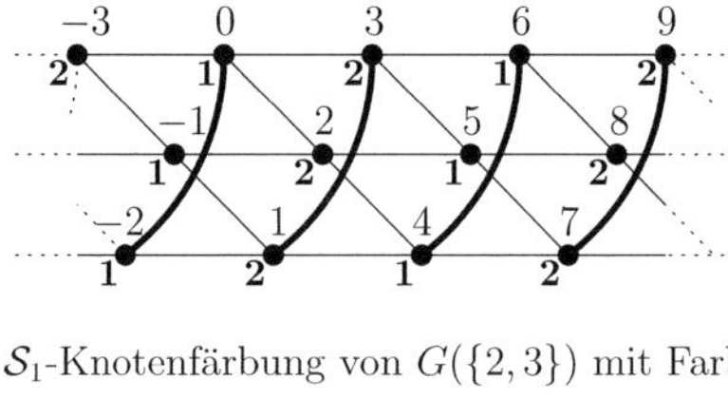

Abbildung 7.1: Eine $\mathcal{S}_1$-Knotenfärbung von $G(\{2, 3\})$ mit Farben **1, 2** (fett gesetzt)

Für die $\mathcal{P}$-listenchromatische Zahl ganzzahliger Distanzgraphen $G(D)$ zu zweielementigen Distanzmengen gilt $\mathrm{ch}_{\mathcal{P}}(G(D)) = 1$, falls $G(D) \in \mathcal{P}$, und $\mathrm{ch}_{\mathcal{O}}(G(D)) = \mathrm{ch}(G(D)) = 3$ nach Satz 4.8.

Proposition 7.17. *Für $D = \{x, y\}$, $x \neq y$, gilt $\mathrm{ch}_{\mathcal{P}}(G(D)) = 2$, falls $G(D) \notin \mathcal{P}$ und $P_\infty \in \mathcal{P}$.*

Beweis. Es seien beliebige Listen $L(v)$, $v \in \mathbb{Z}$, der Länge 2 gegeben. Man färbe die Knoten des Graphen $G(D)$ in der Reihenfolge $0, 1, -1, 2, -2, \ldots$, so dass als Farbe des Knotens $v \in \mathbb{Z}$ eine Farbe aus $L(v)$ gewählt wird, die nicht bereits zur Färbung des Nachbarn $v + x$ (falls $v < 0$) bzw. $v - x$ (falls $v > 0$) benutzt wurde, was wegen der Listenlänge 2 stets möglich ist. Dies stellt sicher, dass je zwei Knoten im Abstand x verschieden gefärbt sind. Damit sind die durch die Farbklassen induzierten Teilgraphen in $G(\{y\})$ enthalten, bestehen also aus Wegen und sind dadurch auch in $\mathcal{P}$ enthalten.

Es folgt $\mathrm{ch}_{\mathcal{P}}(G(D)) \leq 2$. Andererseits gilt $\mathrm{ch}_{\mathcal{P}}(G(D)) \geq 2$ nach Proposition 7.11, da $G(D) \notin \mathcal{P}$. □

Die Bestimmung der $\mathcal{P}$-listenchromatischen Zahl von $G(D)$ für $D = \{x, y\}$, $x \neq y$, $P_\infty \notin \mathcal{P}$ und $\mathcal{P} \neq \mathcal{O}$ ist noch offen; sie kann 2 oder 3 betragen.

Satz 3.42, der eine obere Schranke für die chromatische Zahl eines ganzzahligen Distanzgraphen angibt, lässt sich wie folgt übertragen.

Satz 7.18. *Es gilt $\chi_{\mathcal{P}}(G(D)) \leq \min_{n \in \mathbb{N}} \chi(G_n^c(D \setminus D^n)) \cdot \chi_{\mathcal{P}}(G(D^n))$, wobei $D^n = \{d \in D : n \mid d\}$.*

Beweis. Für $n = 1$ gilt trivialerweise $\chi_{\mathcal{P}}(G(D)) \leq 1 \cdot \chi_{\mathcal{P}}(G(D^n))$, da $D^1 = D$ und $G_1^c(\emptyset) \cong K_1$ ist.

Sei $n \in \mathbb{N}$, $n \geq 2$ beliebig. Die Knotenmenge $\mathbb{Z}$ wird in Restklassen modulo n eingeteilt, $S_i = \{v \in \mathbb{Z} : v \equiv i \pmod{n}\}$, $i = 0, 1, \ldots, n-1$.

Zwei Knoten u, w aus S_i sind genau dann benachbart, wenn $|u - w| \in D^n$ gilt. Jede Restklasse S_i induziert deshalb einen Teilgraphen $G(S_i, D) \cong G(S_i, D^n) \cong G(D^n/n)$ mit $D^n/n = \{d/n : d \in D^n\}$ (siehe Lemma 2.17).

Sei f eine zulässige Knotenfärbung des zirkulanten Graphen $G_n^c(D \setminus D^n)$ mit $k = \chi(G_n^c(D \setminus D^n))$ Farben und seien $F_1, \ldots, F_k$ paarweise disjunkte Farbmengen mit jeweils $\chi_{\mathcal{P}}(G(D^n/n))$ Farben. Man bestimme für jeden der Graphen $G(S_i, D^n)$ eine $\mathcal{P}$-Knotenfärbung mit den Farben aus $F_{f(i)}$, $i = 0, 1, \ldots, n-1$.

Für je zwei Knoten $u \in S_i$, $w \in S_j$ mit $|u - w| \in D \setminus D^n$ sind i und j in $G_n^c(D \setminus D^n)$ benachbart, woraus $f(i) \neq f(j)$ folgt, das heißt, u und w sind verschieden gefärbt. Insgesamt erhält man also eine $\mathcal{P}$-Knotenfärbung von $G(D)$ mit $k \cdot \chi_{\mathcal{P}}(G(D^n/n))$ Farben. Aus $G(D^n) \cong nG(D^n/n)$ und Proposition 7.10 folgt $\chi_{\mathcal{P}}(G(D^n)) = \chi_{\mathcal{P}}(G(D^n/n))$ und hieraus die Behauptung. □

Beispiel 7.19. Für die Menge $D = \mathbb{P}$ aller Primzahlen gilt $D^2 = \{2\}$. Aus Satz 7.18 mit $n = 2$ folgt $G_2^c(D \setminus D^2) \cong G_2^c(1) \cong K_2$ und $G(D^2) \cong 2P_\infty$. Ist $P_\infty \in \mathcal{P}$, so erhält man $\chi_{\mathcal{P}}(G(D)) \leq \chi(K_2) \cdot \chi_{\mathcal{P}}(P_\infty) = 2 \cdot 1 = 2$.

Die Schranke aus Satz 7.18 kann in einigen Fällen verbessert werden, indem anstatt mehrerer Farbmengen nur eine einzige für alle Restklassen modulo n benutzt wird. Durch

Permutation der Farben in bestimmten Restklassen kann eventuell erreicht werden, dass genügend benachbarte Knoten aus unterschiedlichen Restklassen verschieden gefärbt sind, um insgesamt eine $\mathcal{P}$-Knotenfärbung zu erhalten. Diese Idee wird etwa im Beweis von Satz 7.15 sowie in den folgenden Ergebnissen benutzt.

Man betrachte im Folgenden dreielementige Distanzmengen D mit O.B.d.A. $\mathrm{ggT}(D) = 1$. Für $\mathcal{P} = \mathcal{O}$ ist $\chi_{\mathcal{P}}(G(D)) = \chi(G(D))$ nach Satz 3.26 vollständig bestimmt. Es gilt $\chi(G(D)) = 2$, falls D nur aus ungeraden Zahlen besteht, $\chi(G(D)) = 4$, falls $D = \{x, y, x+y\}$ mit $x \not\equiv y \pmod 3$ oder $D = \{1, 2, y\}$ mit $y \equiv 0 \pmod 3$, und es gilt $\chi(G(D)) = 3$ in den sonstigen Fällen. Trivialerweise gilt wieder $\chi_{\mathcal{P}}(G(D)) = 1$ für $G(D) \in \mathcal{P}$. In den restlichen Fällen erhält man folgende Teilergebnisse:

Satz 7.20. *Sei* $D = \{x, y, z\}$ *mit* $\mathrm{ggT}(x, y, z) = 1$, $\mathcal{P} \neq \mathcal{O}$ *mit* $G(D) \notin \mathcal{P}$ *und* $D^2 = \{d \in D : 2 \mid d\}$ *gegeben. Dann gilt* $\chi_{\mathcal{P}}(G(D)) = 2$, *falls*

(1) $|D^2| = 0$, *oder*

(2) $|D^2| = 1$ *und* $P_\infty \in \mathcal{P}$, *oder*

(3) $|D^2| = 2$ *mit* $D^2 = \{y, z\}$, $y = 2^a y'$, $z = 2^b z'$, $y' \equiv z' \equiv 1 \pmod 2$, $a = b$.

Beweis. Wegen $\mathrm{ggT}(x, y, z) = 1$ ist mindestens eine der drei Zahlen ungerade, o.B.d.A. x. Es folgt also $|D^2| \leq 2$, wodurch nur drei Fälle betrachtet werden müssen: $|D^2| = 0$, $|D^2| = 1$, $|D^2| = 2$.

Aus $G(D) \notin \mathcal{P}$ folgt $\chi_{\mathcal{P}}(G(D)) \geq 2$ nach Proposition 7.11. Es bleibt zu zeigen, dass es in jedem der Fälle eine $\mathcal{P}$-Knotenfärbung mit 2 Farben gibt.

(1) Falls $|D^2| = 0$, so besteht D nur aus ungeraden Zahlen, es gilt also $\chi_{\mathcal{P}}(G(D)) \leq \chi(G(D)) = 2$.

(2) Falls $|D^2| = 1$ und $P_\infty \in \mathcal{P}$, so setze man $n = 2$ in Satz 7.18 ein. Man erhält $\chi_{\mathcal{P}}(G(D)) \leq \chi(G_2^{\mathrm{c}}(D \setminus D^2)) \cdot \chi_{\mathcal{P}}(G(D^2)) = \chi(K_2) \cdot \chi_{\mathcal{P}}(G(\{d\})) = 2$ nach Proposition 7.13, da $P_\infty \in \mathcal{P}$ gilt.

(3) Falls $|D^2| = 2$, so sei O.B.d.A. $D^2 = \{y, z\}$, $y = 2^a y'$, $z = 2^b z'$ mit $a, b \geq 1$ und $x \equiv y' \equiv z' \equiv 1 \pmod 2$.

Falls $a = b$, so färbe man die Knoten der Restklassen modulo 2^a abwechselnd mit Farben $1, 2$, so dass $f(0) = f(2x) = \cdots = f((2^a - 2)x) = 1$ und $f(x) = f(3x) = \cdots = f((2^a - 1)x) = 2$ gilt.

Da $\mathrm{ggT}(x, 2^a) = 1$, durchläuft ix, $i = 0, 1, \ldots, 2^a - 1$, ein vollständiges Restsystem modulo 2^a, jeder Knoten $v \in \mathbb{Z}$ lässt sich also eindeutig als $v = ix + j2^a$ mit $i, j \in \mathbb{Z}$, $0 \leq i \leq 2^a - 1$ darstellen, woraus $f(v) = (i + j) \bmod 2 + 1$ folgt.

Zwei Knoten im Abstand y oder z sind verschieden gefärbt, denn es gilt $f(v + y) = f(ix + (j + y')2^a) = (i + j + y') \bmod 2 + 1 \neq f(v)$, da y' ungerade ist, sowie analog $f(v + z) = (i + j + z') \bmod 2 + 1 \neq f(v)$, da z' ungerade ist. Ebenso sind nach Konstruktion zwei Knoten im Abstand x, etwa $v, v + x$, verschieden gefärbt, es sei denn, es gilt $v + x \equiv 0 \pmod{2^a}$. Es gilt nämlich $f(v + x) = f((i + 1)x + j2^a) = (i + j + 1) \bmod 2 + 1 \neq f(v)$ für $0 \leq i \leq 2^a - 2$ und $f(v + x) = f(0x + (j + x)2^a) = (j + x) \bmod 2 + 1$ für $i = 2^a - 1$, also für $v + x \equiv 0 \pmod{2^a}$. Da $i \equiv x \equiv 1 \pmod 2$ folgt in diesem Fall $f(v + x) = f(v)$. Damit induzieren die Farbklassen Teilgraphen, die aus K_1 und K_2 bestehen, die also in $\mathcal{P}$ enthalten sind, da $\mathcal{P} \neq \mathcal{O}$, die Färbung f ist also eine $\mathcal{P}$-Knotenfärbung. □

Noch nicht vollständig charakterisiert sind die Fälle mit $|D^2| = 1$ und $P_\infty \notin \mathcal{P}$ sowie $|D^2| = 2$. Folgendes Ergebnis gibt eine vollständige Fallunterscheidung für die Distanzmenge $D = \{1, 2, 3\}$ an.

Proposition 7.21. *Für den Distanzgraphen $G(D)$ mit $D = \{1, 2, 3\}$ gilt*

$$\chi_{\mathcal{P}}(G(D)) = \begin{cases} 1 & \text{falls } G(D) \in \mathcal{P}, \\ 2 & \text{falls } G(D) \notin \mathcal{P} \text{ und } (P_\infty \in \mathcal{P} \text{ oder } K_3 \in \mathcal{P}), \\ 3 & \text{falls } P_\infty \notin \mathcal{P}, K_3 \notin \mathcal{P} \text{ und } K_2 \in \mathcal{P}, \\ 4 & \text{falls } \mathcal{P} = \mathcal{O}. \end{cases}$$

Beweis. Man betrachte den Distanzgraphen $G(D)$ mit $D = \{1, 2, 3\}$ (siehe Abbildung 7.2). Nach Proposition 7.11 gilt $\chi_{\mathcal{P}}(G(D)) = 1$ genau dann, wenn $G(D) \in \mathcal{P}$. Sei im Folgenden $G(D) \notin \mathcal{P}$, woraus $\chi_{\mathcal{P}}(G(D)) \geq 2$ folgt.

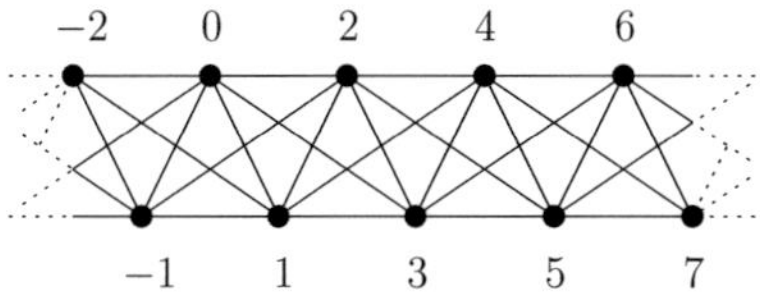

Abbildung 7.2: Der ganzzahlige Distanzgraph $G(\{1, 2, 3\})$

Falls $P_\infty \in \mathcal{P}$, so ergibt die Färbung aller geraden bzw. aller ungeraden Knoten mit je einer Farbe eine $\mathcal{P}$-Knotenfärbung, da die Farbklassen (alle geraden bzw. ungeraden Knoten) je einen beidseitig unendlichen Weg P_∞ induzieren, der in $\mathcal{P}$ enthalten ist.

Falls $K_3 \in \mathcal{P}$, so ist die periodische Färbung $P_6 = 111222$, die je drei aufeinanderfolgende Knoten abwechselnd mit den Farben 1 und 2 färbt, eine $\mathcal{P}$-Knotenfärbung, denn je drei aufeinanderfolgende gleichgefärbte Knoten induzieren einen $K_3 \in \mathcal{P}$, und weitere gleichgefärbte Knoten sind nicht zu diesen benachbart, da deren Abstand mindestens 4 beträgt.

Hieraus folgt $\chi_{\mathcal{P}}(G(D)) = 2$, falls $G(D) \notin \mathcal{P}$ und ($P_\infty \in \mathcal{P}$ oder $K_3 \in \mathcal{P}$).

Sei nun $P_\infty \notin \mathcal{P}$, $K_3 \notin \mathcal{P}$, $K_2 \in \mathcal{P}$. Dann gilt auch $G(D) \notin \mathcal{P}$, da wegen $D \neq \emptyset$ der Distanzgraph P_∞ als Teilgraphen enthält. Angenommen, es gäbe eine $\mathcal{P}$-Knotenfärbung von $G(D)$ mit 2 Farben. Für jeden Knoten v induzieren die Nachbarn $v-3, v-2, v-1$ oder $v+1, v+2, v+3$ jeweils einen K_3, der nicht in $\mathcal{P}$ enthalten ist. Somit besitzt jeder Knoten v mindestens einen gleichgefärbten kleineren und einen gleichgefärbten größeren Nachbarn, woraus $P_\infty \in \mathcal{P}$ folgt, ein Widerspruch. Demnach ist $\chi_{\mathcal{P}}(G(D)) \geq 3$.

Andererseits ist die periodische Färbung $P_6 = 112233$ eine $\mathcal{P}$-Knotenfärbung von $G(D)$, da in einer Farbklasse nur aufeinanderfolgende Knoten benachbart sein können, womit die Farbklassen Teilgraphen induzieren, die aus K_1 und K_2 bestehen, die also in $\mathcal{P}$ enthalten sind.

Hieraus folgt $\chi_{\mathcal{P}}(G(D)) = 3$, falls $P_\infty \notin \mathcal{P}$, $K_3 \notin \mathcal{P}$, $K_2 \in \mathcal{P}$.

Falls $K_2 \notin \mathcal{P}$, so ist $\mathcal{P} = \mathcal{O}$, und es gilt $\chi_{\mathcal{O}}(G(D)) = \chi(G(D)) = 4$ nach Satz 3.25. □

7.2.1 $\mathcal{S}_t$-chromatische Zahlen ganzzahliger Distanzgraphen

In diesem Abschnitt wird die $\mathcal{S}_t$-chromatische Zahl ganzzahliger Distanzgraphen betrachtet. Wegen $\mathcal{S}_0 = \mathcal{O}$ folgt $\chi_{\mathcal{S}_0}(G) = \chi_{\mathcal{O}}(G) = \chi(G)$, im Folgenden muss also nur der Fall $t \geq 1$ untersucht werden.

Aus den Propositionen 7.12, 7.13, 7.17 und Sätzen 7.15, 7.20 folgt:

Korollar 7.22. *Für* $|D| = 0$ *gilt* $\chi_{\mathcal{S}_t}(G(D)) = \mathrm{ch}_{\mathcal{S}_t}(G(D)) = 1$.

Für $|D| = 1$ *gilt* $\chi_{\mathcal{S}_t}(G(D)) = \mathrm{ch}_{\mathcal{S}_t}(G(D)) = \begin{cases} 1 & \textit{falls } t \geq 2, \\ 2 & \textit{falls } 0 \leq t \leq 1. \end{cases}$

Für $|D| = 2$, $D = \{x, y\}$ *mit* $\mathrm{ggT}(x, y) = 1$, *gilt*

$$\chi_{\mathcal{S}_t}(G(D)) = \begin{cases} 1 & \textit{falls } t \geq 4, \\ 2 & \textit{falls } 1 \leq t \leq 3 \textit{ oder } t = 0, x \equiv y \equiv 1 \pmod 2, \\ 3 & \textit{falls } t = 0, x \not\equiv y \pmod 2. \end{cases}$$

Für $|D| = 2$, $t \geq 2$, *gilt* $\mathrm{ch}_{\mathcal{S}_t}(G(D)) = \begin{cases} 1 & \textit{falls } t \geq 4, \\ 2 & \textit{falls } 2 \leq t \leq 3. \end{cases}$

Für $|D| = 3$, $D = \{x, y, z\}$ *mit* $\mathrm{ggT}(x, y, z) = 1$, $t \geq 2$ *gilt*

$$\chi_{\mathcal{S}_t}(G(D)) = \begin{cases} 1 & \textit{falls } t \geq 6, \\ 2 & \textit{falls } 2 \leq t \leq 5. \end{cases}$$

Für $|D| = 3$ und $t = 1$ erhält man folgende Teilergebnisse.

Proposition 7.23. *Für* $D = \{1, 2, y\}$ *mit* $y \geq 3$ *gilt*

$$\chi_{\mathcal{S}_1}(G(D)) = \begin{cases} 2 & \textit{falls } y \equiv 2 \pmod 4, \\ 3 & \textit{falls } y \not\equiv 2 \pmod 4. \end{cases}$$

Beweis. Sei $D = \{1, 2, y\}$, $y \geq 3$. Falls $y \equiv 2 \pmod 4$, so ist die periodische Färbung $P_4 = 1122$ eine $\mathcal{S}_1$-Knotenfärbung von $G(D)$, da je zwei Knoten im Abstand 2 oder y verschieden gefärbt sind und somit die durch die Farbklassen induzierten Teilgraphen von $G(D)$ ausschließlich aus K_1 und K_2 bestehen, die durch Knoten im Abstand 1 erzeugt werden. Andererseits folgt $\chi_{\mathcal{S}_1}(G(D)) \geq 2$ nach Proposition 7.11, da $G(D) \notin \mathcal{S}_1$, es gilt also $\chi_{\mathcal{S}_1}(G(D)) = 2$, falls $y \equiv 2 \pmod 4$.

Im Folgenden sei $y \not\equiv 2 \pmod 4$. Angenommen, es gäbe eine $\mathcal{S}_1$-Knotenfärbung f von $G(D)$ mit 2 Farben. Falls zwei Knoten im Abstand 2 gleich gefärbt sind, etwa O.B.d.A. $f(v) = f(v+2) = 1$, so folgt $f(v+1) = f(v+3) = 2$, und $v+4$ kann nicht mehr zulässig gefärbt werden. Demnach gilt stets $f(v) \neq f(v+2)$ für alle $v \in \mathbb{Z}$, also sind die Knoten jeder Restklasse modulo 2 abwechselnd mit den zwei Farben gefärbt, was im Wesentlichen auf die periodische Färbung $P_4 = 1122$ führt. Diese Färbung ist jedoch keine $\mathcal{S}_1$-Knotenfärbung von $G(D)$, da jeder Knoten v mindestens zwei gleichfarbige Nachbarn besitzt, nämlich $v-1$ oder $v+1$ im Abstand 1 sowie wegen $y \not\equiv 2 \pmod 4$ mindestens einen weiteren im Abstand y. Es folgt $\chi_{\mathcal{S}_1}(G(D)) \geq 3$.

Falls $y \not\equiv 0 \pmod 3$, so gilt $\chi_{\mathcal{S}_1}(G(D)) \leq \chi(G(D)) = 3$ nach Satz 3.25. Falls $y \equiv 3 \pmod 6$, so ist die periodische Färbung $P_6 = 112233$ eine $\mathcal{S}_1$-Knotenfärbung von $G(D)$, da je zwei Knoten im Abstand 2 oder y verschieden gefärbt sind und somit wie oben die durch die Farbklassen induzierten Teilgraphen in $\mathcal{S}_1$ enthalten sind. Falls $y \equiv 0 \pmod{12}$, so ist die periodische Färbung $P_{y+2} = 1122\dots112233$ eine $\mathcal{S}_1$-Knotenfärbung von $G(D)$, da je zwei Knoten im Abstand 2 oder y verschieden gefärbt sind. Insgesamt erhält man $\chi_{\mathcal{S}_1}(G(D)) = 3$, falls $y \not\equiv 2 \pmod 4$. □

Proposition 7.24. *Für $D = \{x, y, x + y\}$ gilt $\chi_{\mathcal{S}_1}(G(D)) = 3$.*

Beweis. Sei $D = \{x, y, x + y\}$ mit o.B.d.A. $\mathrm{ggT}(D) = \mathrm{ggT}(x, y) = 1$ gegeben.

Angenommen, es gäbe eine $\mathcal{S}_1$-Knotenfärbung f von $G(D)$ mit 2 Farben. Da $K_3 \subseteq G(D)$ gibt es nach dem Schubfachprinzip zwei gleichgefärbte Nachbarn, etwa $u < v$ mit $f(u) = f(v) = 1$. Da $v + x, v + y, v + x + y$ zu v benachbart sind, muss $f(v + x) = f(v + y) = f(v + x + y) = 2$ gelten. Weil $v + x + y$ zu $v + x$ und $v + y$ benachbart ist, induzieren diese drei Knoten einen Teilgraphen, der $P_3 \notin \mathcal{S}_1$ enthält, ein Widerspruch zur Annahme. Es folgt $\chi_{\mathcal{S}_1}(G(D)) \geq 3$.

Im Folgenden wird analog zum Beweis von Satz 7.15 eine Knotenfärbung $f : \mathbb{Z} \to \{1, 2, 3\}$ konstruiert. Sei $x < y$. Färbe die Knoten einer jeden Restklasse modulo y abwechselnd mit den drei Farben 1, 2, 3, so dass $f(ix) = i \bmod 3+1$ gilt, $0 \leq i \leq y-1$. Jeder Knoten $v \in \mathbb{Z}$ lässt sich eindeutig darstellen als $v = ix + jy$ mit $i, j \in \mathbb{Z}$, $0 \leq i \leq y - 1$, woraus $f(v) = f(ix + jy) = (i + j) \bmod 3 + 1$ folgt. Die Färbung f ist demnach $3y$-periodisch.

Zwei Knoten im Abstand y, etwa v und $v + y$, sind verschieden gefärbt, da $f(v + y) = (i + j + 1) \bmod 3 + 1 \neq f(v) = (i + j) \bmod 3 + 1$ gilt.

Zwei Knoten im Abstand x, etwa v und $v + x$, sind verschieden gefärbt mit möglicher Ausnahme des Falls $v+x \equiv 0 \pmod y$. Es gilt nämlich $f(v+x) = f((i+1)x+jy) = (i+j+1) \bmod 3+1 \neq f(v)$, falls $0 \leq i \leq y-2$, und $f(v+x) = f(0x+(j+x)y) = (j+x) \bmod 3+1$ für $i = y - 1$, das heißt, falls $v + x \equiv 0 \pmod y$. Es gilt $f(v + x) = f(v)$ genau dann, wenn $v + x \equiv 0 \pmod y$ und $j + x \equiv i + j = y - 1 + j \pmod 3$, das heißt, $y - x \equiv 1 \pmod 3$.

Zwei Knoten im Abstand $x + y$, etwa v und $v + x + y$, sind ebenfalls verschieden gefärbt mit möglicher Ausnahme des Falls $v + x \equiv 0 \pmod y$, denn wie oben gilt $f(v + x + y) = (i + j + 2) \bmod 3 + 1 \neq f(v)$, falls $0 \leq i \leq y - 2$, und $f(v + x + y) = (j + x + 1) \bmod 3 + 1$ für $i = y - 1$. Damit gilt $f(v + x + y) = f(v)$ genau dann, wenn $v + x \equiv 0 \pmod y$ und $j + x + 1 \equiv y - 1 + j \pmod 3$, also $y - x \equiv 2 \pmod 3$.

Somit ist jeder Knoten zu höchstens einen gleichgefärbten Knoten benachbart, das heißt, die Farbklassen induzieren Teilgraphen aus $\mathcal{S}_1$, und f ist eine $\mathcal{S}_1$-Knotenfärbung mit 3 Farben.

Insgesamt ergibt sich $\chi_{\mathcal{S}_1}(G(D)) = 3$. □

Eine unmittelbare Folgerung dieser Ergebnisse ist das folgende Resultat.

Korollar 7.25. *Für $|D| = 3$ und $\mathcal{P} \neq \mathcal{O}$ gilt $\chi_{\mathcal{P}}(G(D)) \leq 3$.*

Beweis. Aus $\mathcal{P} \neq \mathcal{O}$ folgt $\mathcal{O} \subseteq \mathcal{S}_1 \subseteq \mathcal{P}$, also $\chi_{\mathcal{P}}(G(D)) \leq \chi_{\mathcal{S}_1}(G(D)) \leq \chi(G(D))$ nach Proposition 7.8. Für $|D| = 3$ implizieren Propositionen 7.23 und 7.24 sowie Satz 3.26, dass $\chi_{\mathcal{S}_1}(G(D)) \leq 3$ und damit $\chi_{\mathcal{P}}(G(D)) \leq 3$ gilt. □

Analog zu Proposition 7.21 erhält man folgendes Ergebnis.

Proposition 7.26. *Für $D = \{1, 2, \ldots, n\}$, $n \in \mathbb{N}$, gilt*

$$\chi_{\mathcal{S}_t}(G(D)) = \begin{cases} 1 & \text{falls } t \geq 2n, \\ 2 & \text{falls } n-1 \leq t \leq 2n-1. \end{cases}$$

Beweis. Sei $D = \{1, 2, \ldots, n\}$. Falls $t \geq 2n$, so ist $G(D) \in \mathcal{S}_t$, und es folgt $\chi_{\mathcal{S}_t}(G(D)) = 1$. Andernfalls, für $0 \leq t \leq 2n-1$, ist $\chi_{\mathcal{S}_t}(G(D)) \geq 2$.

Färbt man die Knoten $0, \ldots, n-1$ mit Farbe 1 und die Knoten $n, \ldots, 2n-1$ mit Farbe 2 und wiederholt dies periodisch, so erhält man eine $\mathcal{S}_{n-1}$-Knotenfärbung mit 2 Farben (die Farbklassen induzieren Teilgraphen, die aus K_n bestehen, und es gilt $K_n \in \mathcal{S}_{n-1}$). Aus der Monotonieeigenschaft folgt $\chi_{\mathcal{S}_t}(G(D)) = 2$ für $n-1 \leq t \leq 2n-1$. □

Es gilt $\chi_{\mathcal{S}_0}(G(D)) = \chi(G(D)) = n+1$ nach Satz 3.27, demnach sind die Fälle mit $1 \leq t \leq n-2$ noch offen.

7.2.2 Knotenarborizität ganzzahliger Distanzgraphen

In diesem Abschnitt werden zwei spezielle verallgemeinerte Färbungen betrachtet.

Definition 7.27. Sei f eine k-Knotenfärbung von G. Falls jede Farbklasse $V_{i,f}$, $1 \leq i \leq k$, kreisfreie Teilgraphen induziert, das heißt, Teilgraphen, deren Komponenten endliche oder unendliche Bäume sind, so heißt f eine *Baumfärbung* von G. Die kleinste Anzahl von Farben in einer Baumfärbung von G wird als *Knotenarborizität* $\mathrm{va}(G)$ (aus engl. *vertex arboricity*) von G bezeichnet.

Falls jede Farbklasse $V_{i,f}$, $1 \leq i \leq k$, Teilgraphen induziert, deren Komponenten Wege sind, so heißt f eine *Wegfärbung* von G. Die kleinste Anzahl von Farben in einer Wegfärbung von G wird als *lineare Knotenarborizität* $\mathrm{vla}(G)$ (aus engl. *vertex linear arboricity*) von G bezeichnet.

Definition 7.28. Die entsprechende listenchromatische Zahlen, die *Listenknotenarborizität* $\mathrm{va}_l(G)$ bzw. die die *lineare Listenknotenarborizität* $\mathrm{vla}_l(G)$, sind als minimale Listenlängen n definiert, für die es bei jeder Auswahl von Listen $L(v)$ der Länge mindestens n für jeden Knoten v von G es stets eine Listenknotenfärbung von G gibt, die auch eine Baumfärbung bzw. eine Wegfärbung von G ist.

Matsumoto [61] zeigte, dass für einen zusammenhängenden endlichen Graphen G stets $\mathrm{vla}(G) \leq \lceil (\Delta(G)+1)/2 \rceil$ gilt und dass diese obere Schranke für Graphen G mit geradem Maximalgrad genau dann angenommen wird, wenn G ein vollständiger Graph oder ein Kreis ist. Goddard [37] und Poh [64] bewiesen $\mathrm{vla}(G) \leq 3$ für planare Graphen G, und Akiyama et al. [1],

dass $\mathrm{vla}(G) \leq 2$ für outerplanare Graphen G gilt.

Catlin und Lai [16] zeigten, dass $\mathrm{va}(G) \leq \lceil \Delta(G)/2 \rceil$ gilt, falls G ein zusammenhängender Graph ist, der weder vollständig noch ein Kreis ist.

Diese Begriffe lassen sich auch durch verallgemeinerte Knotenfärbungen definieren.

Definition 7.29. Sei $\mathcal{A}$ die Menge der kreisfreien Graphen und $\mathcal{L} = \mathcal{A} \cap \mathcal{S}_2$ die Menge der Graphen, die ausschließlich aus Wegen bestehen. Dann gilt:
$\mathrm{va}(G) = \chi_{\mathcal{A}}(G)$, $\mathrm{va}_l(G) = \mathrm{ch}_{\mathcal{A}}(G)$, $\mathrm{vla}(G) = \chi_{\mathcal{L}}(G)$, $\mathrm{vla}_l(G) = \mathrm{ch}_{\mathcal{L}}(G)$.

Die Grapheneigenschaften $\mathcal{A}$ und $\mathcal{L}$ sind vererbbar und additiv, da Teilgraphen eines kreisfreien Graphen bzw. disjunkte Vereinigungen kreisfreier Graphen wieder kreisfrei sind, und Entsprechendes gilt ebenfalls für Graphen, die ausschließlich aus Wegen bestehen.

Man beachte, dass für endliche Graphen $\mathrm{va}(G) = \chi_{\mathcal{D}_1}(G)$ gilt, da unter den endlichen Graphen die 1-degenerierten Graphen genau die azyklischen Graphen sind. Dies gilt nicht unbedingt für unendliche Graphen. So ist zum Beispiel ein beidseitig unendlicher Weg P_∞ zusammenhängend, kreisfrei und 2-regulär.

Jede Knotenfärbung ist eine Listenfärbung, bei der stets gleiche Listen verwendet werden, und jede zulässige Knotenfärbung ist eine Wegfärbung, jede Wegfärbung eine Baumfärbung. Aus $\mathcal{O} \subseteq \mathcal{L} \subseteq \mathcal{A}$ und den Ergebnissen aus Abschnitt 7.1 folgt:

Korollar 7.30. *Für jeden Graphen G gilt*

(*a*) $\mathrm{va}(G) \leq \mathrm{va}_l(G)$, $\mathrm{vla}(G) \leq \mathrm{vla}_l(G)$

(*b*) $\mathrm{va}(G) \leq \mathrm{vla}(G) \leq \chi(G)$

(*c*) $\mathrm{va}_l(G) \leq \mathrm{vla}_l(G) \leq \mathrm{ch}(G)$

Korollar 7.31. *Ist $H \subseteq G$, so gilt* $\mathrm{va}(H) \leq \mathrm{va}(G)$, $\mathrm{vla}(H) \leq \mathrm{vla}(G)$, $\mathrm{va}_l(H) \leq \mathrm{va}_l(G)$, $\mathrm{vla}_l(H) \leq \mathrm{vla}_l(G)$.

Die lineare Knotenarborizität $\mathrm{vla}(G(D))$ ganzzahliger Distanzgraphen wurde in einigen Arbeiten untersucht. Zuo, Wu und Liu [96] bewiesen unter anderem folgende Ergebnisse: Es gilt $\mathrm{vla}(G(D)) = 1$ für $|D| = 1$, $\mathrm{vla}(G(D)) \geq 2$ für $|D| \geq 2$, und $\mathrm{vla}(G(D)) = 2$, falls $|D| = 2$ oder falls $|D|$ höchstens ein gerades Element besitzt. Im Allgemeinen zeigten sie $\mathrm{vla}(G(D)) \leq t$, falls D höchstens ein Vielfaches von t enthält. Für $D = \{1, 2, \dots, n\}$ bewiesen sie $\mathrm{vla}(G(D)) = \lceil (n+1)/2 \rceil$.

In [95] wurde $\mathrm{vla}(G(D_{m,k}))$ für Distanzmengen $D_{m,k} = \{1, \dots, m\} \setminus \{k\}$, $m > k \geq 1$ untersucht und unter anderem $\mathrm{vla}(G(D_{m,1})) = \lceil m/4 \rceil + 1$ für $m \geq 3$ gezeigt. In [97] wurde die Knotenarborizität $\mathrm{va}(G(D_{m,k}))$ untersucht und unter anderem $\mathrm{va}(G(D_{m,1})) = \lceil (m+3)/4 \rceil$ für $m \geq 5$ bestimmt.

Einige dieser Ergebnisse wurden in Abschnitt 7.2 allgemein bewiesen. So folgt etwa für Distanzmengen kleiner Mächtigkeit:

Korollar 7.32. *Für $|D| \leq 1$ gilt* $\mathrm{va}(G(D)) = \mathrm{va}_l(G(D)) = \mathrm{vla}(G(D)) = \mathrm{vla}_l(G(D)) = 1$.
Für $|D| = 2$ gilt $\mathrm{va}(G(D)) = \mathrm{va}_l(G(D)) = \mathrm{vla}(G(D)) = \mathrm{vla}_l(G(D)) = 2$.

Beweis. Für $|D| \leq 1$ folgt die Behauptung aus Propositionen 7.12 und 7.13, da $P_\infty \in \mathcal{L} \subseteq \mathcal{A}$. Falls $|D| \geq 2$, so enthält $G(D)$ Kreise, etwa $(0, d_1, d_1 + d_2, d_2, 0)$ für $d_1, d_2 \in D$ mit $d_1 \neq d_2$, und es folgt $G(D) \notin \mathcal{A}$ und $G(D) \notin \mathcal{L}$. Für $|D| = 2$ folgt die Behauptung aus Satz 7.15 und Proposition 7.17. □

Der folgende Satz liefert eine allgemeine obere Schranke für die Listenknotenarborizität $\mathrm{va}_l(G(D))$ eines ganzzahligen Distanzgraphen $G(D)$.

Satz 7.33. *Für einen ganzzahligen Distanzgraphen $G(D)$ gilt*

$$\mathrm{va}_l(G(D)) \leq \left\lfloor \frac{|D|}{2} \right\rfloor + 1.$$

Beweis. Es seien beliebige Listen $L(v)$, $v \in \mathbb{Z}$, der Länge $\lfloor \frac{|D|}{2} \rfloor + 1$ gegeben. Hierzu wird folgendermaßen eine Listenknotenfärbung f konstruiert. Man färbe die Knoten des Graphen in der Reihenfolge $0, 1, -1, 2, -2, \ldots$, so dass als Farbe $f(v)$ eines Knotens v die kleinste Farbe aus $L(v)$ gewählt wird, die an höchstens ein bereits gefärbter Nachbar benutzt wurde. Da es stets höchstens $|D|$ bereits gefärbte Nachbarn eines Knotens gibt, ist dafür eine Listenlänge von $\lfloor \frac{|D|}{2} \rfloor + 1$ ausreichend.

Die durch die Farbklassen $V_{i,f}$ induzierte Graphen sind kreisfrei, da in einem Kreis in $\langle V_{i,f} \rangle$ der zuletzt gefärbte Knoten zwei vorher gefärbten Nachbarn der Farbe i hätte, was mit der benutzten Greedy-Färbung nicht möglich ist. □

Wegen $\mathrm{va}(G(D)) \leq \mathrm{va}_l(G(D))$ gilt ebenfalls $\mathrm{va}(G(D)) \leq \lfloor \frac{|D|}{2} \rfloor + 1$.

Für $|D| \leq 3$ erhält man $\mathrm{va}_l(G(D)) \leq 2$. Weil $G(D)$ für $|D| = 3$ nicht kreisfrei ist, folgt unmittelbar:

Korollar 7.34. *Für $|D| = 3$ gilt $\mathrm{va}_l(G(D)) = 2$.*

Beispiel 7.35. Man betrachte den Distanzgraphen $G(D)$, $D = \{1, 2, \ldots, n\}$ (siehe Abbildung 7.2 für $n = 3$). Nach Satz 7.33 gilt $\mathrm{va}_l(G(D)) \leq \lfloor n/2 \rfloor + 1$. Andererseits induzieren $n + 1$ aufeinanderfolgende Knoten einen $K_{n+1} \subseteq G(D)$. In einer Baumfärbung von K_{n+1} werden höchstens je 2 Knoten gleichgefärbt, es werden also mindestens $\lceil (n+1)/2 \rceil = \lfloor n/2 \rfloor + 1$ Farben benötigt, und es folgt $\mathrm{va}(G(D)) = \mathrm{va}_l(G(D)) = \lfloor n/2 \rfloor + 1$.

7.3 Verallgemeinerte Kantenfärbungen ganzzahliger Distanzgraphen

In diesem Abschnitt werden verallgemeinerte Kantenfärbungen von ganzzahligen Distanzgraphen untersucht. Für Ergebnisse über verallgemeinerte kantenchromatischen Zahlen siehe etwa [28].

Definition 7.36. Es sei $\mathcal{Q} \supseteq \mathcal{O}_1$ eine additive vererbbare Eigenschaft von Graphen. Eine *verallgemeinerte Kantenfärbung* oder auch eine *$\mathcal{Q}$-Kantenfärbung* eines schlichten Graphen G ist eine Färbung der Kanten von G, so dass für jede Farbe i die mit i gefärbten Kanten einen Teilgraphen mit Eigenschaft $\mathcal{Q}$ induzieren. Die kleinste Anzahl Farben in einer $\mathcal{Q}$-Kantenfärbung von G heißt die *$\mathcal{Q}$-kantenchromatische Zahl* $\chi'_{\mathcal{Q}}(G)$.

Falls der Graph G Kanten enthält, so ist $\chi'_{\mathcal{Q}}(G)$ nur definiert, falls $\mathcal{Q}$ den Graphen K_2 enthält und damit wegen der Additivität und der Vererbbarkeit alle Graphen aus $\mathcal{O}_1$. Es wird deshalb generell $\mathcal{Q} \supseteq \mathcal{O}_1$ vorausgesetzt. Unter diesen Voraussetzungen kann jede Kante mit einer eigenen Farbe gefärbt werden, so dass man eine $\mathcal{Q}$-Kantenfärbung mit $|E(G)|$ Farben erhält, was die Existenz dieser Zahlen sichert.

$\mathcal{Q}$-Kantenfärbungen sind Verallgemeinerungen von gewöhnlichen Kantenfärbungen, da $\chi'_{\mathcal{O}_1}(G) = \chi'(G)$ für alle Graphen G gilt. Wie für verallgemeinerte Knotenfärbungen gelten auch hier gewisse bekannte Monotonie- und Additivitätseigenschaften.

Proposition 7.37. *Falls* $\mathcal{Q}_1 \subseteq \mathcal{Q}_2$, *so gilt* $\chi'_{\mathcal{Q}_2}(G) \leq \chi'_{\mathcal{Q}_1}(G)$.

Beweis. Für $\mathcal{Q}_1 \subseteq \mathcal{Q}_2$ ist jede $\mathcal{Q}_1$-Kantenfärbung von G auch eine $\mathcal{Q}_2$-Kantenfärbung von G. □

Mit $\mathcal{O}_1 \subseteq \mathcal{Q}$ folgt hieraus $\chi'_{\mathcal{Q}}(G) \leq \chi'_{\mathcal{O}_1}(G) = \chi'(G)$.

Proposition 7.38. *Falls* $H \subseteq G$, *so gilt* $\chi'_{\mathcal{Q}}(H) \leq \chi'_{\mathcal{Q}}(G)$.

Beweis. Die Einschränkung einer $\mathcal{Q}$-Kantenfärbung von G auf die Elemente von H ist eine $\mathcal{Q}$-Kantenfärbung von H. □

Im Allgemeinen muss man nur zusammenhängende Graphen betrachten, wie die folgende Proposition zeigt.

Proposition 7.39. *Für die disjunkte Vereinigung* $G \cup H$ *zweier Graphen gilt*

$$\chi'_{\mathcal{Q}}(G \cup H) = \max\{\chi'_{\mathcal{Q}}(G), \chi'_{\mathcal{Q}}(H)\}.$$

Beweis. $\mathcal{Q}$-Kantenfärbungen von G und von H liefern eine $\mathcal{Q}$-Kantenfärbung von $G \cup H$, da $\mathcal{Q}$ additiv ist, so dass $\chi'_{\mathcal{Q}}(G \cup H) \leq \max\{\chi'_{\mathcal{Q}}(G), \chi'_{\mathcal{Q}}(H)\}$ gilt. Proposition 7.38 impliziert die Gleichheit. □

Wir betrachten im Folgenden ganzzahlige Distanzgraphen.

Satz 7.40. *Für einen ganzzahligen Distanzgraphen* $G(D)$ *gilt*

$$\chi'_{\mathcal{S}_t}(G(D)) = \left\lceil \frac{2\,|D|}{t} \right\rceil \quad \textit{für } t \geq 1.$$

Beweis. Da $\Delta(H) \leq t$ für jedes $H \in \mathcal{S}_t$ gilt, sind in einer $\mathcal{S}_t$-Kantenfärbung mindestens $\left\lceil \frac{2|D|}{t} \right\rceil$ Farben nötig, um die $\Delta(G(D)) = 2\,|D|$ Kanten zu färben, die mit einem beliebigen Knoten inzidieren. Es folgt $\chi'_{\mathcal{S}_t}(G(D)) \geq \lceil \frac{2|D|}{t} \rceil$.

Sei $D = \{d_1, d_2, \ldots, d_{|D|}\}$. Falls t gerade ist, so färbe man für jedes $v \in \mathbb{Z}$ die Kanten $\{v, v+d_1\}, \ldots, \{v, v+d_{t/2}\}$ mit Farbe 1, die Kanten $\{v, v+d_{t/2+1}\}, \ldots, \{v, v+d_t\}$ mit Farbe 2, usw., also die Kanten $\{v, v+d_i\}$ mit Farbe $\left\lceil \frac{i}{t/2} \right\rceil$, $i = 1, \ldots, |D|$. Jeder Knoten inzidiert mit höchstens $2\,t/2 = t$ Kanten einer Farbe, man erhält also eine $\mathcal{S}_t$-Kantenfärbung mit $\left\lceil \frac{|D|}{t/2} \right\rceil = \left\lceil \frac{2|D|}{t} \right\rceil$ Farben, woraus $\chi'_{\mathcal{S}_t}(G(D)) \leq \left\lceil \frac{2|D|}{t} \right\rceil$ folgt.

Falls t ungerade ist, so färbe man die Kanten zu bestimmten Abständen mit zwei Farben statt nur mit einer wie im Fall t gerade. Man färbe für jedes $v \in \mathbb{Z}$ die Kanten $\{v, v+d_1\}, \ldots, \{v, v+d_{(t-1)/2}\}$ mit Farbe 1, die Kanten $\{v, v+d_{(t+1)/2}\}$ entlang der beidseitig unendlichen Wegen abwechselnd mit Farben 1 und 2, die Kanten $\{v, v+d_{(t+3)/2}\}, \ldots, \{v, v+d_t\}$ stets mit Farbe 2, die Kanten $\{v, v+d_{t+1}\}, \ldots, \{v, v+d_{(3t-1)/2}\}$ mit Farbe 3, usw. Jeder Knoten inzidiert mit höchstens $2(t-1)/2 + 1 = t$ Kanten einer Farbe, man erhält also wieder eine $\mathcal{S}_t$-Kantenfärbung, die höchstens $\left\lceil \frac{2|D|}{t} \right\rceil$ Farben benötigt, woraus $\chi'_{\mathcal{S}_t}(G(D)) \leq \left\lceil \frac{2|D|}{t} \right\rceil$ folgt. □

8 Zusammenfassung und Ausblick

Als Verallgemeinerung des Hadwiger-Nelson-Problems wurde die chromatische Zahl von Distanzgraphen ausführlich untersucht, und in vielen Arbeiten wurden Teilergebnisse für etliche Klassen von Distanzgraphen bestimmt.

In der vorliegenden Arbeit wurden verschiedene Färbungsarten von Distanzgraphen betrachtet. Es wurde unter anderem die chromatische Zahl für spezielle ganzzahlige Distanzgraphen bestimmt, darunter solche mit Distanzmenge $D = \{x, y, x+y, |y-x|\}$ und $D = \{x, 2x, \ldots, nx, y\}$ mit $x, y \in \mathbb{N}$. Darüber hinaus wurden einige allgemeine obere Schranken für die chromatische Zahl von Distanzgraphen bewiesen. Einige dieser Ergebnisse stammen aus der eigenen Diplomarbeit [60] oder aus eigenen Veröffentlichungen in referierten Zeitschriften [53, 54, 55, 56].

Die Untersuchung der chromatischen Zahlen ganzzahliger Distanzgraphen in der Diplomarbeit diente als Ausgangspunkt sowohl für die Untersuchung weiterer Färbungsarten ganzzahliger Distanzgraphen als auch für die Übertragung dieser Ergebnisse auf weitere Distanzgraphen.

Listenfärbungen von Distanzgraphen wurden zuerst in der eigenen Arbeit [54] untersucht. Unter anderem wurden einige Schranken für die chromatische Zahl auf die listenchromatische Zahl übertragen und die listenchromatischen Zahlen aller ganzzahligen Distanzgraphen zu ein- und zweielementigen Distanzmengen bestimmt. Für die meisten ganzzahligen Distanzgraphen $G(D)$ mit Cliquenzahl $|D|$ oder $|D|+1$ erreichte die listenchromatische Zahl den größtmöglichen Wert $|D|+1$, unter anderem für alle ganzzahligen Distanzgraphen mit dreielementigen Distanzmengen, die einen K_3 enthalten. Offen sind die Fälle $D = \{1, 2, \ldots, n, y\}$ für $n < y < \frac{n+1}{2}(n+1)!$ sowie $D = \{x, y, x+y, |y-x|\}$ für $x \not\equiv y \pmod 2$. Mehrere dieser Ergebnisse wurden auf reelle Distanzgraphen übertragen.

Kanten- und Listenkantenfärbungen von Distanzgraphen wurden zuerst in der eigenen Arbeit [55] untersucht, in der die kantenchromatischen und die listenkantenchromatischen Zahlen aller ganzzahligen Distanzgraphen bestimmt wurden. In [56] wurden diese Parameter für Distanzgraphen mit Knotenmenge $\mathbb{Q}$ und $\mathbb{R}$ bestimmt. Hier wurden diese Ergebnisse zusammengefasst und verallgemeinert, und die entsprechenden chromatischen Zahlen unter anderem für Distanzgraphen mit Knotenmengen $\mathbb{Z}^n$, $\mathbb{Q}^n$ und $\mathbb{R}^n$ vollständig bestimmt.

Einige Ergebnisse über Kanten- und Listenkantenfärbungen von Distanzgraphen lassen sich auf Total- und Listentotalfärbungen übertragen, wie in den Arbeiten [55] und [56] geschehen. Diese Ergebnisse wurden hier zusammengefasst und erweitert; es wurden unter anderem die totalchromatischen und die listentotalchromatischen Zahlen aller Distanzgraphen mit Knotenmengen $\mathbb{Z}^n$, $\mathbb{Q}^n$ und $\mathbb{R}^n$ vollständig bestimmt.

Eine Verallgemeinerung der hier untersuchten Färbungsarten erfolgte durch Betrachtung weiterer Grapheneigenschaften. Erste Ergebnisse über diese Art verallgemeinerter Färbungen von ganzzahligen Distanzgraphen wurden bewiesen. Unter anderem wurden die verallgemeinerten chromatischen Zahlen für alle ganzzahligen Distanzgraphen mit ein- oder zweielementiger Distanzmenge vollständig bestimmt. In diesem Bereich gibt es viele offene Fragestellungen, vor allem für verallgemeinerte Kanten- und Totalfärbungen.

Einige Ergebnisse dieser Arbeit lassen sich wegen der Monotonie der betrachteten chromatischen Zahlen auf Teilgraphen übertragen, man erhält jedoch im Allgemeinen nur Schranken für die entsprechenden Parameter. Stimmt der Maximalgrad eines Teilgraphen T mit dem Maximalgrad bestimmter Distanzgraphen $G(S, D)$ überein, so erhält man jedoch exakte Ergebnisse für kantenchromatische und listenkantenchromatische sowie für totalchromatische und listentotalchromatische Zahlen: Diese Graphen sind allesamt in Klasse 1 bzw. vom Typ 1, und es gilt

$$\chi'(T) = \mathrm{ch}'(T) = \Delta(T) \quad \text{und} \quad \chi''(T) = \mathrm{ch}''(T) = \Delta(T) + 1.$$

Eine Übertragung dieser Ergebnisse könnte auf mehrere Arten erfolgen:

- Durch Abschwächung der Voraussetzungen der Sätze, insbesondere der Eigenschaften $(*)$ (siehe Seite 37) und $(**)$ (siehe Seite 66), wodurch mehr Knotenmengen S und daher mehr Distanzgraphen $G(S, D)$ erfasst werden;
- durch Veränderung der Definition von Distanzgraphen, um zum Beispiel nicht alle Kanten zu einem gegebenen Abstand in die Kantenmenge aufzunehmen, sondern nur bestimmte Kanten – um die Beweismethoden übernehmen zu können, müssen jedoch weiterhin gewisse Symmetrieeigenschaften gelten;
- durch genauere Betrachtung der Teilgraphen eines Distanzgraphen; unter Umständen erhält man exakte Ergebnisse oder zumindest gute Schranken für bestimmte Graphenklassen.

Walther wies in [85] nach, dass es für jeden endlichen, schlichten, ungerichteten Graphen H eine Distanzmenge $D \subseteq \mathbb{N}$ gibt, so dass H als induzierter Teilgraph des ganzzahligen Distanzgraphen $G(D)$ auftritt.

Im Beweis wird eine Bijektion zwischen den Knoten von H und den Zahlen $2^i - 1$, $i \in \mathbb{N}_0$, konstruiert. Da die Abstände zwischen den Endknoten einer Kante paarweise verschieden sind, kann eine Distanzmenge $D \subseteq \mathbb{N}$ mit $|D| = |E(H)|$ ausgewählt werden, die die geforderte Eigenschaft besitzt. Für gewisse Graphen können Distanzmengen kleinerer Mächtigkeit ausgewählt werden, man benötigt jedoch mindestens $|D| \geq \delta(H)$ Distanzelemente, da der kleinste Knoten von H mit mindestens dieser Anzahl von Kanten inzidiert.

Eine bessere Abschätzung der zur Darstellung von H nötigen Distanzmenge D kann erreicht werden, indem auf die Eigenschaft verzichtet wird, dass H ein induzierter Teilgraph des Distanzgraphen $G(D)$ sein soll, sondern nur fordert, dass H ein Teilgraph von $G(D)$ ist. Es ist auch möglich, allgemeiner definierte Distanzgraphen zu benutzen, also etwa $G(S, D)$ mit $S \subseteq \mathbb{R}^n$ und $D \subseteq \mathbb{R}^+$.

Damit ergibt sich eine weitere Möglichkeit, Ergebnisse dieser Arbeit auszunutzen: Für einen gegebenen Graphen H bestimme man einen Distanzgraphen $G(S, D)$ mit $H \subseteq G(S, D)$ und nutze die Monotonie der hier betrachteten chromatischen Zahlen aus, um Schranken für die chromatischen Zahlen von H aus den Ergebnissen über Distanzgraphen herzuleiten.

Ein interessantes Problem ist ebenfalls die Untersuchung weiterer Arten von Distanzgraphen, zum Beispiel Distanzgraphen mit endlichen Knotenmengen, etwa von zirkulanten Graphen.

Ein zirkulanter Graph $G_p^c(D)$ mit p Knoten und Distanzmenge $D \subseteq \{1, 2, \ldots, \lfloor p/2 \rfloor\}$ kann folgendermaßen als Distanzgraph $G(S, D')$ mit p-elementiger Knotenmenge $S \subseteq \mathbb{R}^2$ dargestellt werden: Als Knotenmenge S wähle man die Eckpunkte eines regulären p-Ecks in der Ebene $\mathbb{R}^2$, etwa die Punkte auf dem Rand des Einheitskreises, die den p-ten Einheitswurzeln in der komplexen Zahlenebene entsprechen:

$$S = \{v_0, v_1, \ldots, v_{p-1}\} \text{ mit } v_i = \big(\cos(2\pi i/p), \sin(2\pi i/p)\big), \; i = 0, 1, \ldots, p-1.$$

Als Distanzmenge wähle man $D' = \{\|v_d - v_0\|_2 : d \in D\}$. Dann gilt $G_p^c(D) \cong G(S, D')$.

Die kantenchromatische Zahl von zirkulanten Graphen wurde von Hattingh [42] vollständig bestimmt. Sei $D = \{d_1, \ldots, d_k\}$ und $g = \mathrm{ggT}(p, d_1, \ldots, d_k)$. Dann gilt genau dann $\chi'(G_p^c(D)) = \Delta(G_p^c(D))$, wenn p/g gerade ist. Chromatische und totalchromatische Zahlen zirkulanter Graphen sind dagegen erst teilweise bekannt.

Weitere offene Probleme und Fragestellungen wurden in der Arbeit beschrieben.

Literaturverzeichnis

[1] J. Akiyama, H. Era, S. V. Gerracio, and M. Watanabe. Path chromatic numbers of graphs. *J. Graph Theory*, 13:569–579, 1989.

[2] N. Alon. Restricted colorings of graphs. In K. Walker, editor, *Surveys in Combinatoric, Proc. 14th British Combinatorial Conference*, volume 187 of *London Math. Soc. Lecture Notes Ser.*, pages 1–33. Cambridge University Press, 1993.

[3] J. Barajas and O. Serra. Distance graphs with maximum chromatic number. S. Felsner, editor, 2005 European conference on combinatorics, graph theory and applications (EuroComb '05). Extended abstracts from the conference, Technische Universität Berlin, Berlin, Germany, September 5–9, 2005. Paris: Maison de l'Informatique et des Mathématiques Discrètes (MIMD). Discrete Mathematics & Theoretical Computer Science. Proceedings. AE, 171–174, electronic only (2005).

[4] J. Barajas and O. Serra. Distance graphs with maximum chromatic number. *Discrete Math.*, 308:1355–1365, 2008.

[5] M. Behzad. *Graphs and their chromatic numbers.* Doct. Thesis, Michigan State Univerity, 1965.

[6] M. Benda and M. Perles. Coloring of metric spaces. *Geombinatorics*, 9:110–126, 2000.

[7] F. Boesch and R. Tindell. Circulants and their connectivities. *J. Graph Theory*, 8:487–499, 1984.

[8] B. Bollobás and A. J. Harris. List-colourings of graphs. *Graphs Combin.*, 1:195–199, 1985.

[9] J. A. Bondy and U. S. R. Murty. *Graph Theory.* Springer, New York, 2008.

[10] O. V. Borodin, A. V. Kostochka, and D. R. Woodall. List edge and list total colourings of multigraphs. *J. Combin. Theory Ser. B*, 71:184–204, 1997.

[11] M. Borowiecki, I. Broere, M. Frick, P. Mihók, and G. Semanišin. A survey of hereditary properties of graphs. *Discuss. Math. Graph Theory*, 17:5–50, 1997.

[12] M. Borowiecki and P. Mihók. Hereditary properties of graphs. In V. R. Kulli, editor, *Advances in Graph Theory*, pages 42–69. Vishwa International Publications, Gulbarga, 1991.

[13] P. Brass, W. Moser, and J. Pach. *Research Problems in Discrete Geometry.* Springer, New York, 2005.

[14] R. L. Brooks. On coloring the nodes of a network. *Math. Proc. Cambridge Philos. Soc.*, 37:194–197, 1941.

[15] K. Cantwell. Finite euclidean ramsey theory. *J. Combin. Theory Ser. A*, 73:273–285, 1996.

[16] P. A. Catlin and H.-J. Lai. Vertex arboricity and maximum degree. *Discrete Math.*, 141:37–46, 1995.

[17] G. J. Chang, J.-J. Chen, and K.-C. Huang. Integral distance graphs. *J. Graph Theory*, 25:287–294, 1997.

[18] G. J. Chang and L. Huang. Circular chromatic number of distance graphs with missing multiplies. *European J. Combin.*, 21:241–248, 2000.

[19] G. G. Chappell. Coloring distance graphs on the integers. Manuscript, Apr. 1998.

[20] G. Chartrand and P. Zhang. *Chromatic Graph Theory*. Chapman & Hall/CRC, Boca Raton, 2009.

[21] K. B. Chilakamarri. The unit-distance graph problem: A brief survey and some new results. *Bull. Inst. Combin. Appl.*, 8:39–60, 1993.

[22] J. Cibulka. On the chromatic number of real and rational spaces. *Geombinatorics*, 18:53–65, 2008.

[23] D. Coulson. A 15-colouring of 3-space omitting distance one. *Discrete Math.*, 256:83–90, 2002.

[24] N. G. de Bruijn and P. Erdős. A colour problem for infinite graphs and a problem in the theory of relations. *Indag. Math.*, 13:371–373, 1951.

[25] W. A. Deuber and X. Zhu. Chromatic number of distance graphs with distance sets missing multiplies. Manuscript, 1997.

[26] W. A. Deuber and X. Zhu. The chromatic numbers of distance graphs. *Discrete Math.*, 165/166:195–204, 1997.

[27] R. Diestel. *Graph Theory*. Springer, Berlin, 2005. Electronic edition.

[28] M. J. Dorfling and S. Dorfling. Generalized edge-chromatic numbers and additive hereditary properties of graphs. *Discuss. Math. Graph Theory*, 22:349–359, 2002.

[29] R. B. Eggleton. Three unsolved problems in graph theory. *Ars Combin.*, 23A:105–121, 1987.

[30] R. B. Eggleton. New results on 3-chromatic prime distance graphs. *Ars Combin.*, 26B:153–180, 1988.

[31] R. B. Eggleton. Distance graphs and their chromatic numbers. Workshop Notes of the Conference of Graph Theory and Combinatorics, Manila, 1991.

[32] R. B. Eggleton, P. Erdős, and D. K. Skilton. Colouring the real line. *J. of Combin. Theory Ser. B*, 39:86–100, 1985. Erratum: 41:139, 1986.

[33] R. B. Eggleton, P. Erdős, and D. K. Skilton. Colouring prime distance graphs. *Graphs Combin.*, 6:17–32, 1990.

[34] P. Erdős and A. Hajnal. On chromatic number of graphs and set-systems. *Acta Math. Acad. Sci. Hungar.*, 17:61–99, 1966.

[35] P. Erdős, A. L. Rubin, and H. Taylor. Choosability in graphs. *Congr. Numer.*, 26:125–157, 1979.

[36] F. Galvin. The list chromatic index of a bipartite multigraph. *J. Combin. Theory Ser. B*, 63:153–158, 1995.

[37] W. Goddard. Acyclic coloring of planar graphs. *Discrete Math.*, 91:91–94, 1990.

[38] H. Hadwiger. Ungelöste Probleme Nr. 40. *Elem. Math.*, 16:103–104, 1961.

[39] R. Häggkvist and J. C. M. Janssen. New bounds on the list-chromatic index of the complete graph and other simple graphs. Research report 19, Department of Mathematics, University of Ulmeå, 1993.

[40] R. Halin. *Graphentheorie.* Wissenschaftliche Buchgesellschaft, Darmstadt, 1989.

[41] A. J. Harris. *Problems and conjectures in extremal graph theory.* Ph. D. Dissertation, Cambridge Univerity, 1985.

[42] J. Hattingh. The edge-chromatic number of a circulant. *Quaestiones Math.*, 11:371–381, 1988.

[43] A. J. W. Hilton and H. R. Hind. The chromatic number of graphs having large maximum degree. *Discrete Math.*, 117:127–140, 1993.

[44] T. R. Jensen and B. Toft. Choosability versus chromaticity. *Geombinatorics*, 5:45–64, 1995.

[45] T. R. Jensen and B. Toft. *Graph Coloring Problems.* Wiley, New York, 1995.

[46] P. D. Johnson. Two-colorings of a dense subgroup of $\mathbb{Q}^n$ that forbid many distances. *Discrete Math.*, 79:191–195, 1989/90.

[47] P. D. Johnson. The choice number of the plane. *Geombinatorics*, 3:122–128, 1994.

[48] R. P. Jones. Hereditary properties and $\mathcal{P}$-chromatic numbers. In *Combinatorics*, volume 13 of *London Math. Soc. Lecture Note Ser.*, pages 83–88. Cambridge Univ. Press, London, 1974.

[49] M. Juvan, B. Mohar, and R. Škrekovski. List-total colourings of graphs. *Combin. Probab. Comput.*, 7:181–188, 1998.

[50] J. L. Kelley. *General Topology.* D. Van Nostrand Company, New York, 1955.

[51] A. Kemnitz. Graphentheorie. Vorlesungsskript, 2009.

[52] A. Kemnitz and H. Kolberg. Coloring of integer distance graphs. *Discrete Math.*, 191:113–123, 1998.

[53] A. Kemnitz and M. Marangio. Chromatic numbers of integer distance graphs. *Discrete Math.*, 233:239–246, 2001.

[54] A. Kemnitz and M. Marangio. Colorings and list colorings of integer distance graphs. *Congr. Numer.*, 151:75–84, 2001.

[55] A. Kemnitz and M. Marangio. Edge colorings and total colorings of integer distance graphs. *Discuss. Math. Graph Theory*, 22:149–158, 2002.

[56] A. Kemnitz and M. Marangio. Coloring the line. *Ars Combin.*, 85:183–192, 2007.

[57] A. V. Kostochka. The total chromatic number of any multigraph with maximum degree five is at most seven. *Discrete Math.*, 162:199–214, 1996.

[58] D. G. Larman and C. A. Rogers. The realization of distances within sets in Euclidean space. *Mathematika*, 19:1–24, 1972.

[59] M. Mann. Hunting unit-distance graphs in rational n-spaces. *Geombinatorics*, 11:49–53, 2003.

[60] M. Marangio. Chromatische Zahlen ganzzahliger Distanzgraphen. Diplomarbeit, Diskrete Mathematik, TU Braunschweig, 1998.

[61] M. Matsumoto. Bounds for the vertex linear arboricity. *J. Graph Theory*, 14:117–126, 1990.

[62] L. Moser and W. Moser. Solution to problem 10. *Canad. Math. Bull.*, 4:187–189, 1961.

[63] O. Nechushtan. On the space chromatic number. *Discrete Math.*, 256:499–507, 2002.

[64] K. Poh. On the linear vertex-arboricity of a planar graph. *J. Graph Theory*, 14:73–75, 1990.

[65] R. Rado. Axiomatic treatment of rank in infinite sets. *Canadian Journal of Mathematics*, 1:337–343, 1949.

[66] R. Radoičić and G. Tóth. Note on the chromatic number of the space. In B. A. et al., editor, *Discrete and Computational Geometry. The Goodman-Pollack Festschrift. Algorithms Comb.* 25, pages 696–698. Springer, Berlin, 2003.

[67] A. M. Raigorodski. Borusk's problem and the chromatic number of some metric spaces. *Russian Math. Surveys*, 56:103–139, 2001. English translation of Usp. Mat. Nauk 56 (2001), 107–146 (russian).

[68] D. P. Sanders and Y. Zhao. On total 9-coloring planar graphs of maximum degree seven. *J. Graph Theory*, 31:67–73, 1999.

[69] J. H. Schmerl. List chromatic number of euclidean space. *Geombinatorics*, 5:65–68, 1995.

[70] N. J. A. Sloane. The on-line encyclopedia of integer sequences (OEIS). Online access `www.research.att.com/~njas/sequences`, 2011.

[71] A. Soifer. Chromatic number of the plane: A historical essay. *Geombinatorics*, 1:13–15, 1991.

[72] A. Soifer. Chromatic number of the plane & its relatives. *Geombinatorics*, 12:131–148, 2003.

[73] A. Soifer. *The Mathematical Coloring Book.* Springer, New York, 2009.

[74] R. Soták. $\mathrm{ch}(1,2,3,4n+1)=5$. Manuscript.

[75] R. Soták. On the conjecture on integer distance graphs. Manuscript, 2003.

[76] G. Szekeres and H. S. Wilf. An inequality for the chromatic number of a graph. *J. Comb. Theory*, 4:1–3, 1967.

[77] L. Tan. The group of rational points on the unit circle. *Math. Mag.*, 69:163–171, 1996.

[78] Z. Tuza. Graph colorings with local constraints – a survey. *Discuss. Math. Graph Theory*, 17:161–228, 1997.

[79] V. G. Vizing. On an estimate of the chromatic class of a p-graph. *Metody Diskret. Analiz.*, 3:25–30, 1964.

[80] V. G. Vizing. Coloring the vertices of a graph in prescribed colors. *Metody Diskret. Analiz.*, 29:3–10, 1976.

[81] M. Voigt. *Über die chromatische Zahl einer speziellen Klasse unendlicher Graphen.* Dissertation, TU Ilmenau, 1992.

[82] M. Voigt. On list colourings and choosability of graphs. Online version, June 1998.

[83] M. Voigt. Colouring of distance graphs. *Ars Combin.*, 52:3–12, 1999.

[84] M. Voigt and H. Walther. Chromatic number of prime distance graphs. *Discrete Appl. Math.*, 51:197–209, 1994.

[85] H. Walther. Über eine spezielle Klasse unendlicher Graphen. In K. Wagner and R. Bodendiek, editors, *Graphentheorie II*, chapter 12, pages 268–295. Bibliographisches Institut Wissenschaftsverlag, 1990.

[86] M. E. Watkins. Computing the connectivity of circulant graphs. *Congr. Numer.*, 49:247–258, 1985.

[87] B. Weißbach. On the chromatic number of $\mathbb{R}^d$. Preprint 6, Fakultät für Mathematik, Otto-von-Guericke-Universität Magdeburg, 2002.

[88] D. West. *Introduction to Graph Theory.* Prentice Hall, Upper Saddle River, 2 edition, 2001.

[89] D. R. Woodall. Distances realized by sets covering the plane. *J. Combin. Theory Ser. A*, 14:187–200, 1973.

[90] J. Zaks. On odd integral distances rational graph in four-dimensions. *Geombinatorics*, 9:90–95, 1999.

[91] X. Zhu. Distance graphs on the real line. Manuscript, 1996.

[92] X. Zhu. Colouring the distance graphs. Manuscript, Apr. 1997.

[93] X. Zhu. Pattern periodic coloring of distance graphs. *J. Combin. Theory Ser. B*, 73:195–206, 1998.

[94] X. Zhu. Circular chromatic number of distance graphs with distance sets of cardinality 3. *J. Graph Theory*, 41:195–207, 2002.

[95] L.-C. Zuo, J.-L. Wu, and J.-Z. Liu. The vertex linear arboricity of an integer distance graph with a special distance set. *Ars Combin.*, 79:65–76, 2006.

[96] L.-C. Zuo, J.-L. Wu, and J.-Z. Liu. The vertex linear arboricity of distance graphs. *Discrete Math.*, 306:284–289, 2006.

[97] L.-C. Zuo, Q. Yu, and J.-L. Wu. Vertex arboricity of integer distance graph $G(D_{m,k})$. *Discrete Math.*, 309:1649–1657, 2009.

Index